science·i

地図の科学

なぜ昔の人は地球が楕円だとわかった?
航空写真だけで地図をつくれないワケは!?

山岡光治

著者プロフィール

山岡光治（やまおかみつはる）

1945年、横須賀市生まれ。1963年、北海道立美唄工業高等学校を卒業し、国土地理院に技官として入所。札幌、東京、つくば、富山、名古屋などの勤務を経て、中部地方測量部長を務めたのち、2001年に退職。同年、地図会社の株式会社ゼンリンに勤務。2005年に同社を退社し、「オフィス地図豆」を開業、店主となる。おもな著書に『地図を楽しもう』（岩波書店）、『地図に訊け!』（筑摩書房）などがある。

●おもしろ地図と測量
http://www5a.biglobe.ne.jp/~kaempfer/

本文デザイン・アートディレクション：株式会社ビーワークス
イラスト：にしかわ たく

はじめに

私は、地図測量をする唯一の国の機関、国土地理院に40年近く勤務しました。1枚の2万5千分の1地形図（統一した規格で全国をカバーしているもっとも縮尺の大きな国の基本図）の図化や、編集を完成させるには、地図の内容にもよりますが、1カ月から2カ月かかります。ですから、そうした仕事に1年間かかりっきりになったとしても、全国土をカバーするために約4,300枚もある2万5千分の1地形図のうち、たった5枚ほどの地図を完成させることしかできません。しかも、図化あるいは編集という、地図作成工程の一部を担当しただけです。

ですから、私が手がけた地図は日本全図のほんの一部です。しかも地形図作成から現在まで、国土に変化があるたびに修正を繰り返していますから、数万枚の地図原版づくりのほんの一部に携わったにすぎません。

しかし、私が手がけた部分の地図がなければ、日本全図はもちろん、世界地図さえも完成しなかったはずです。どんなに大きなジクソーパズルであっても、1ピース欠けたら完成しないのと同じように。

そして私は、そのことを少し誇りに思っています。

さて、書店を見回せば、地図や地図関連書籍がたくさん並べられています。Web上にも、地図サイトが数多くあり、パソコンやケータイから誰でも簡単にアクセスできます。そんな地図サイトには、会社や組織の所在地を示す案内地図が、かならずといっていいほど用意されています。就職活動をする若者や営業マンは、鞄にしまったケータイやスマートフォンでそうした地図を利用しています。グルメには目がない熟年者も、地図サイトをプリンタで印刷した地図を広げています。

自動車には、かつてなら道路地図帳が、いまはカーナビゲーションの地図があります。家庭の書棚にも地図帳の1冊ぐらいはあるでしょう。たくさんの地図が載っている旅行ガイドや街歩き本も並んでいるかもしれません。

このように、地図は世の中にあふれていますから、地図がどこにあって、どのように利用されているかをすべて書き表すのはまず不可能です。それほど地図は、人にとって身近な存在で、「これまで地図を一度も広げたことがない人はこの世に存在しない」とまで、言い切れそうな気がします。地図は現代生活に密着し、不可欠なものといえます。

しかし、地図の利用者は、その地図について、どれほど知っているでしょうか？　地図は、どのような目的をもって、いつこの世に登場し、どのような経過をたどってつくられるようになったのか、そして、現在の地図は、いつ、どこで、誰が、どのような方法でつくっているのか――このような疑問に答えながら、少しでも多くのみなさんが地図に興味をもち、地図測量技術や私たち地図技術者への理解を深めていただけることを期待して、本書を書きはじめたいと思います。

最後になりましたが、取材や協力に快く応じていただいたみなさま、貴重な地図や写真、資料を提供していただいた関係各位、イラストレーターのにしかわ たく氏、科学書籍編集部の高橋恒行氏、石井顕一氏に御礼申し上げます。

2010年9月　山岡光治

登場キャラクター紹介

伊能測美(いのうそくみ)
地図の作成と測量に人生をかけるスペシャリスト。伊能忠敬の子孫かどうかは不明。ちなみに「美」の測り方は知らない。
大杉誤郎
(おおすぎごろう)
今年入社してきた新人(23歳)。いまのところちゃんと測れるのは自分のウエストぐらい。

地図の科学

なぜ昔の人は地球が楕円だとわかった？ 航空写真だけで地図をつくれないワケは!?

CONTENTS

CONTENTS

第1章

昔はどうやって地図をつくった？

1-1 「地図」ってなんだろう?

「地図とは？」と問われたら、どのように答えますか？

私は、「地上のようすを、ある決まりのもとで、紙などに平面で表現したもの」と、答えています。

しかし、いまではディスプレイに表示する地図や3次元（立体）で表現した地図もありますから、この定義は時代遅れで、適切ではないと思われそうですが、どうでしょうか？　まず、「紙などに」といった表現媒体については、広く解釈して、ディスプレイに表現された地図を含めてもいいでしょう。

では、3次元表現については、どうでしょうか？　3次元だからといって、ディスプレイでしか表現できないわけではありません。かつて原住民の間では、**木彫りの地図**が利用されていて、切り立つ海岸線や半島をのみで削り、地表のようすが立体的に表現されていました。たとえば、グリーンランド・イヌイットの木彫り地図などです。

日本でも、江戸時代の領地争いの際には、粘土製や紙製の張りぼて（紙を重ねて貼り合わせて形づくったもの）、あるいは木彫りの立体地図などがつくられて、裁定に使われました。いまでも日本各地の博物館などに残されています。

紙製張りぼてでは、山形県の「鳥海山張抜」（1704年）、木彫りでは愛媛県の目黒村「山形模型」（1665年）などが挙げられます。なかには、飛びだす絵本式の、紙製の起こし立て絵図もあって、山形県の「鳥海山おこし立て絵図」（1705年）などが知られています。これらの地図には、領地争いのようすや解決結果を、事件の当事者にわかりやすく説明し、共通の理解を得る目的があります。

やや目的を異にするものとしては、福岡県英彦山の山形を木材に彫刻した「彦山小形」（1616年ごろ）があり、そして太平洋戦争後（1945年）に日本に駐留したアメリカ軍がいち早く作製した、プラスチック製の立体地図があります。

前者は山野をかけめぐる修行者に、後者は日本に駐留するアメリカの兵隊に、不案内な土地の情報を、早く、正しく伝え、しかも的確に行動させるために有効と考えたのです。

このように**3次元の地図表現は、古くから存在**しました。そののち情報社会が進展し、新しい表現方法が可能になり、3次元地図による情報伝達の容易さが見直され、ディスプレイなどに変わっただけです。

ですから、地図の定義も「**地上のようすを、ある決まりのもとで、紙などに表現したもの**」と少し変更すれば、矛盾はなく、時代遅れでもありません。

ちなみに、『広辞苑（第六版）』（岩波書店）では、「地表の諸物体・現象を、一定の約束に従って縮尺し、記号・文字を用いて平面に表現した図。地形図・天気図など」となっています。

図　地図は2次元とはかぎらない

グリーンランドのイヌイットは木彫り地図を使っていた。木をのみで削って海岸線などを表現していたようだ

写真 アメリカ軍立体地図「FUJISAN&TOKYO」

1952年に米国極東陸軍地図局（AMS：U.S.Army Map Service）が作成した25万分の1の立体地図。無数の穴が開いた立体塑像に、地図が印刷されたプラスチック板を真空圧着させて作成している

写真提供：渡辺教具製作所

写真 萩藩「防長土図」（1767年）

萩藩（現山口県）が、同藩の絵図方、有馬喜惣太（1708～1769年）に作成させた立体地形模型。土で地形を形づくり、その上に紙を貼り合わせたもの

写真提供：山口県立山口博物館

1-2 人はなぜ地図をつくるの？

地図の発明は、文字の発明より前だといわれています。

文字のはじまりは紀元前3000年ごろですから、地図の最初はこれ以前でなければなりません。最初に人が描いた地図は、どのような素材と表現だったのでしょう？　砂の上に小枝の先で描き、タロイモの葉を小石で削って表現し、さらには板や動物の皮などに墨などで描いたのではないかと想像できます。しかし、こうした地図が、現在まで残されるのは難しいでしょう。

現在残されている世界最古の地図は、紀元前1500年ごろに描かれたといわれる、北イタリア・カモニカ渓谷の岩壁に描かれた「ベトーリナ地図」だというのが定説です。ベトーリナ地図には、村人が住む多くの家々と、これを結ぶ小道や川、畑なども描かれています。そのようすは、同図を紹介する小さな写真を見れば、誰の目にも明らかで、ここで暮らす人々が、ふだんから身の周りの空間を記号で表現し、情報の伝達や交換をしていたようすが、容易に想像できます。

このように、地図の最初は、狩猟や採集、耕作といった、**生活に密着した情報を整理するために発達**したはずです。みずからの行動を広げるためや、生活集団での情報共有を図るために、そして頭脳の地図を補強する目的でつくられたのでしょう。現に、極地や密林に住む原住民の間では、木や皮・貝などの自然素材による狩猟や採集と関連した地図がつくられ、利用されてきました。

そして人々は、「もっと先にはなにがあるのだろう。どうなっているのだろう」と夢をふくらませながら、より広範囲の地図をつくり続けたのだと思います。

権力者の支配ツールとなった地図

やがて、集団生活を営むようになると、ごく自然の成りゆきとして農民らを統治する者が現れ、敵対する者も出現したことでしょう。こうなると、みずからの領土を管理し、領土拡張を図るためには、さらに広がりのある地図が必要になります。

農耕社会では、統治者によって、徴税のために必要な土地の位置と面積、土地の品質、そして耕作者・所有者などを記録した土地の戸籍にあたる「**地籍図**」と「**土地台帳**」などが作成されます。

古代エジプトでは、ナイル川の氾濫により農地の境界を示す標識（目印）がひんぱんに不明になったので、農耕地などを管理する地籍の調査と地籍図の整備が進んだといわれています。そこには、粘土板やパピルスに描かれた地図があったとしても不思議ではありません。

時代はのちのことになりますが、フランス南部のオランジュという地域周辺では、古代ローマ時代（紀元前1世紀ごろ）の、大理石に刻まれた土地台帳の破片が多数発見されています。

日本でも、現存す

る最古の地図は、東大寺が経営する荘園に関連した地籍図といえる「東大寺領墾田図」(751年)です。国を治める者にとって、地籍図と土地台帳は**徴税のために必要不可欠**だったのです。

官がつくる地図は、現在でも変わりありません。道路や鉄道、公園といった公共財産を管理するための地図(道路台帳付図や都市公園台帳付図)、税金を徴収するために必要な建物や土地の面積と所有者などを記録した地図(地籍図)、そして究極の財産である領土を管理するための地図(国の基本図)がつくられています。

写真　越中国射水郡鳴戸村《えっちゅうのくにいみずぐんなるとむら》墾田図(759年)

越中国射水郡《えっちゅうのくにいみずぐん》(現富山県)にあった東大寺領荘園の範囲を示した、麻布に書かれた地図。地図には、条里を示す格子状の区画と河川のほか、墾田の面積が記されている

写真提供：奈良国立博物館

1-3 昔の世界図は亀と象だった？

身の周りの空間を表現しようとして描きはじめられた地図が、広い世界を意識しはじめたのは、いったいいつのころからだったのでしょうか？

残された最古の世界図は、粘土板に書かれた「バビロニアの世界図」で、紀元前7世紀ごろにつくられたものです。

その世界図には、2つの同心円が描かれていて、内側の円の中が（バビロニアとその周辺の）大地、そこから外側の円までが大海です。陸地に描かれた2本の縦の線が大河ユーフラティス、2本線をやや上で横切る長方形がバビロニア、周辺にある小さな丸が、そのほかの国や都市を示すという簡単なものです。

周りを取り囲む海の先にも、未知の世界が広がっているとは考えられていましたが、バビロニアの人たちが考えた世界は、**大海に囲まれた円盤状**だったようです。では、はたして、世界中の人々が、そのように考えていたのでしょうか？

紀元前6世紀のギリシアの世界図では、地中海から黒海までの情報は、バビロニアの世界図のような、円と直線で表した単純な図形ではなく、より正確なものになっています。しかし、地図の周辺に目を向けると、これまでと同じようにオケアノスと呼ばれる大海が囲み、世界は円盤状になっています。当時の世界観は、バビロニアでもギリシアでも変わりはなかったようです。

それからかなり時間が経過しますが、6世紀のキリスト教修道士コスマスの世界図は長方形の陸地の周囲を、やはりオケアノスが取り囲みます。それでも世界は広がり、紅海の先にはインドなどの情報が加えられています。

そして、かなりあとのことですが、7世紀ごろのインド人が考えていた世界には、下図のようなものもあったようです。大きな亀の上に4匹の象が乗っていて、その象の背中が半球状の世界を支えています。**人々が暮らす半球状の世界を象や亀が支える**という、予想もできない展開に、現代人は思わず笑ってしまいます。しかし、世界が「半球状である」という考えは、一歩前進かもしれません。

図 昔の全世界のイメージ

7世紀ごろのインド人が考えていた世界は、大きな亀の上に乗った小さな象が、おわん状になった世界を支えていた

1-4 昔の人はどうやって地球の大きさを求めた？

アレクサンダー大王による東征（紀元前338～323年）が行われるころになると、西洋人の世界はさらに東のインドへと広げられます。同時に、天体観測が実施されるようになり、**地球が月や太陽と同じように球体である**とする説が声高となります。

アレクサンダー大王の教師でもあったアリストテレス（紀元前384～322年、地球球体説を唱えた哲学者）、そしてエラトステネス（紀元前276年ごろ～196年ごろ、はじめて地球の大きさを測ったアレクサンドリアの図書館長）、プトレマイオス（83年ごろ～168年ごろ、世界図を表した2世紀の天文学者）などが登場します。

エラトステネスは、夏至の日になると、**シエネの町のとある井戸の水面に太陽が映ることにヒントを得て地球の大きさを知った**のでした。

まず、シエネの真上にある太陽の光が井戸の底を照らしている同じときに、アレクサンドリアにおいて、日時計がつくる影の長さを測って、太陽がアレクサンドリアの真上からどのくらい南にあるかを調べました。そして、シエネとアレクサンドリアの間の距離を、ラクダの隊商が1日に進む距離と、到達までにかかった日数で調べ、計算して地球の全円周を求めました。

その値は、25万スタジア（1スタジア＝約0.185km）。現在の単位では、4万6250kmです。正しくは、約4万kmですから、その差は15％ほどでした。

同時期のギリシアの地理学者、プトレマイオスの地理書にあった世界図（現存しているのは写し）は、曲線の経線と緯線が描かれていて、地球が球体であることを示しています（円錐図法）。

図 エラトステネスによる地球の大きさの測定方法

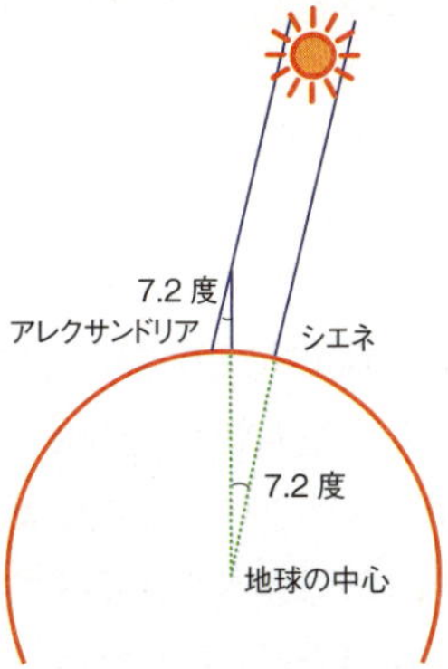

夏至の日に、シエネのとある井戸に太陽が映ることにヒントを得て、同日にアレクサンドリアの日時計がつくる影の長さを測り、2つの都市間の距離は全球の50分の1であることを知り、地球の大きさを求めた

図 エラトステネスの計算方法

1 ラクダの隊商が1日に進む距離（100スタジア）×到達までにかかった日数（50日）＝シエネとアレクサンドリア間の距離（5,000スタジア）

↓

2 全円周（360度）÷シエネとアレクサンドリアが地球の中心となす角度（7.2度）＝50

↓

3 地球の全円周＝シエネとアレクサンドリア間の距離（5,000スタジア）×全円周とシエネ－アレクサンドリア間の角度の比（50）＝25万スタジア

↓

4 1スタジア＝約0.185kmなので、25万スタジア×0.185km＝4万6,250kmとなる

彼らの行動からは、「地球の形はどうなっているのか？　世界の果てはどこにあるのだろうか？」という純粋な知識欲を感じることができます。

中世（5世紀以降）になると、地理的な情報も増えて、科学は一段と進展し、地図技術の世界も進歩したのではと思えそうですが、現実はそう簡単ではありません。

当時の社会では、聖書こそが唯一絶対の真理であるとされて、「地球が丸い（球体である）」という意見は否定され、**科学にとって暗黒の時代**がやってきます。聖書を信じる者には、球体の向こう側に、足の裏を見せ合うように逆さまになって歩く人が存在するなどとは、とうてい考えられなかったのです。

このころつくられた世界図は、実用性の感じられない「**TO図**」と呼ばれるものでした。国々を大海が囲み、世界は円盤の上にあって、「バビロニアの世界図」と大きな違いはありません。この間の地図の歴史には、進歩どころか、後退があったのです。

地球が球体という考えは
受け入れられず、地図の正確さは
失われてしまったのね……

写真　TO図

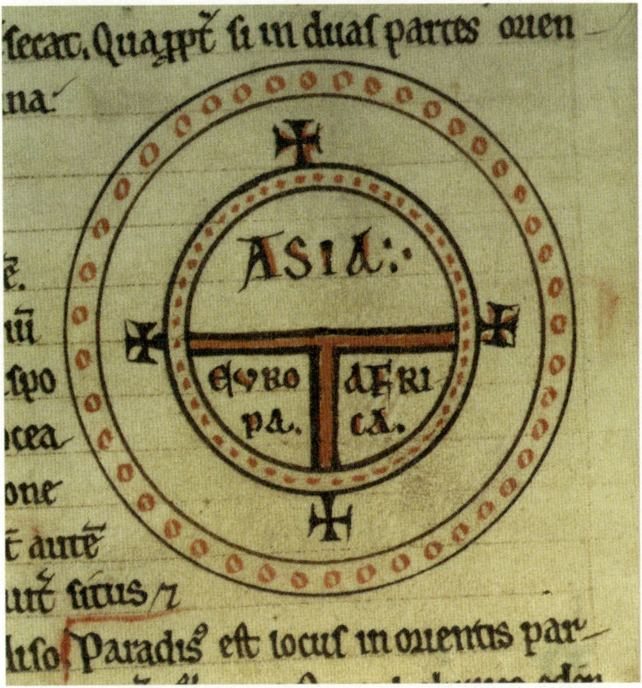

TO図は、T型をした黒海、エーゲ海、地中海と、その周囲にアジア（上）、ヨーロッパ（左下）、アフリカ（右下）といった陸地を表した地図。大陸の周囲は、O型をした海、オケアノスに囲まれているのが特徴だ。右へ90度回すと北が上になり、現在の地図に対応する

写真提供：Bridgeman Art Library/PANA

1-5 やっぱり地球は球体だ!

地球が球体であるとふたたび考えられるようになったのは、いつのことでしょうか？

「地球は球体である」という考えが復活するには、交易が盛んになり、海上交通が活発化する必要がありました。

12世紀後半には、プトレマイオスの地理書が、ラテン語などに翻訳されてヨーロッパに紹介されはじめます。球体を平面へ投影した地図の復活です。

12世紀、十字軍の兵士を輸送する必要性から海上交通がひんぱんになり、航海術の発達とともに磁石が北を指す性質を用いた「**羅針盤**」(航海に使うコンパス)の利用が進みます。そして1271年、マルコ・ポーロは東方旅行にでかけ、中国とその周辺の豊富な知識をもち帰ります。

14世紀、航海に利用される地図には、各所に「**方位盤**」(その形からコンパス・ローズなどと呼ばれた)が描かれ、そこから32本の方位線が、クモの巣のように引かれた「ポルトラノ型」と呼ばれる海図が登場します。

そのなかの1つ、オスマン・トルコ帝国のピリ・レイス提督が1513年に作成したポルトラノ型の海図には、南極にあたる位置に陸地が描かれるという不思議もあります。当時、南極大陸はまだ発見されていませんでしたから、謎の大陸には、白部が多いものの、氷のひとかけらもありません。

1587年のメルカトルの世界図にも、オーストラリア大陸と南極大陸を網羅したメガラニカ、マゼラニカなどと呼ばれる、未知の大陸が描かれていました。このように、この地域の地理的な情報

写真　再登場した「プトレマイオスの世界図」（1482年）

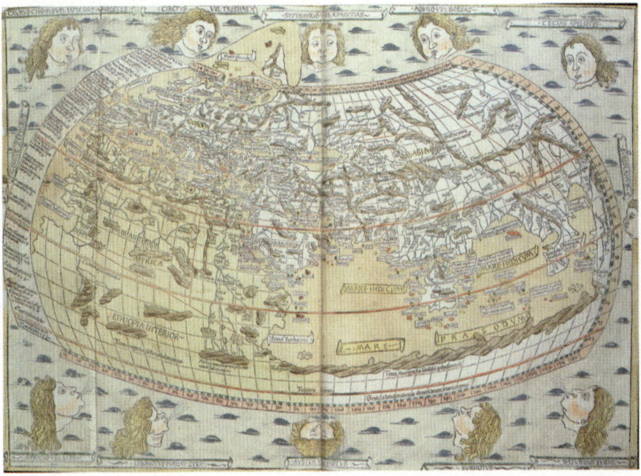

12世紀後半以降に作成された「プトレマイオス地理書」の写本には、球体である地球を円錐図法で表現した世界図が載っている。2世紀に著された同地理書の原本の時代には、すでに球体を平面に表現した同世界図の存在があったが、その後の科学の暗黒時代には姿を消していたようだ

写真提供：Bridgeman Art Library/PANA

写真　ポルトラノ型海図

大航海の時代、探検者は方位盤（コンパス・ローズ）とクモの巣のように張りめぐらされた方位線をたよりにして、目的地への方位を読みとって利用した

写真提供：Bridgeman Art Library/PANA

は少なく、不確かだったのでしょう。

ピリ・レイスの地図にかぎらず、地図のつくり手は、新しい情報を各地に求めて地図の作成にあたったのです。

航海者は、ポルトラノ型海図から目的地に向いた方位を読みとり、羅針盤を使用して船の航行に利用しました。ですが、そのときの地図に描かれた島々の位置や海岸線の形は、絶対的な天文観測などにもとづくものではなく、羅針盤で知った方位と、船の航行に要した時間などによって計算した距離から推定していましたから、方位や距離に間違いがあれば、地図に描かれた島々は大きくなったり、小さくなったりします。

15世紀、地球球体説が唱えられ、コロンブスが新大陸発見の旅に、マゼランが世界周航へとでかけ、大航海の時代がやってきます。現在の地球儀に比べれば、内容は不確かですが、新しい時代の幕開けを象徴するように地球儀も盛んにつくられます。

そして、羅針盤のほか、「**十字桿**《じゅうじかん》」(クロス・スタフ)といった太陽や星を観測できる機器も発明、利用されます。

これにより容易に緯度を知ることが可能になり、絶対的な位置情報を獲得して、島々の位置や海岸線の形は次第に確かになります。もちろん、そこには、土台となる天文学をはじめとする科学の発展があります。

16世紀には、三角形の1辺とその両端の角を観測して、ほかの頂点の位置を正確に求める「**三角測量**」(132ページ参照)が発明され、17世紀になると、三角測量にもとづく地図作成が開始されます。

1761年、イギリスのハリソンによって小型の「**精密時計**」(クロノメータ)が発明され、各地の経度が容易に求められるようになると、ヨーロッパ地図の骨格はしっかりしたものになり、正確さも増します。

人々は、科学と実証によって「世界は丸い」という真実を知り、地球をより正確な地図に表現しはじめ、現在の地図づくりへと連なります。

一方、生活に余裕ができた一般民衆の間では、余暇の行動を助けるための、そして知識欲を満たすための地図が作成されました。16世紀には地図出版が盛んになり、大量の地図、地図帳が出回ります。それればかりではありません。17世紀には、装飾を目的とした手彩色の大型地図や地球儀が登場して、壁面を美しくし、人々を心豊かにします。おおよそ、このような経過を経て、地図の世界は広がってきたのです。

図　十字桿とその測量方法

十字桿は、長い物差しと、直角につけられた短い物差しからなる。長い物差しを水平線に向け、短い物差しを前後に動かして測定対象の太陽などの目標に合わせて、高度を測るしくみ。観測された太陽高度と「太陽赤緯表」（太陽が真南にある、南中時の太陽高度を表にしたもの）を照合すれば、正確な緯度がわかる

1-6 日本の地図づくりの秘密

日本の地図づくりは、どのように進展したのでしょうか？　必要な技術の進歩を紹介しながら、日本の地図の歴史を追ってみましょう。

1 最古の地図から「江戸切絵図」まで

条里

現存する日本最古の地図は、東大寺正倉院に残されている、布に書かれた「近江国水沼村墾田図」(751年)などです。同図は、東大寺領の境や田畑を示した「**開田図**」「**墾田図**」と呼ばれるものです。

それ以前は、土地の公有を柱として、戸籍が明らかな成人に対して一定の田畑が与えられる「班田制」の実施にともない、「**田図**」が作成されました。田図は土地管理や徴税を目的とした現在の「地籍図」にあたりますが、現存していません。

そののち、貴族や寺院による土地私有が進み、荘園を経営、管理するために、その範囲などを示した「荘園図」と、同じように支配地域を把握、管理する「村絵図」がつくられます。

田図や荘園図は、格子線が引かれた紙上に、山川と耕作地が表され、田畑の種別や面積などが書き込まれていますが、どのような測量によったのかは明らかではありません。

同じころ、現在の地形図にもそのようすが残る「**条里**(制)」と呼ばれる、田畑を一定の区画に整理する、現在の土地区画整理にあたる事業を実施していますから、その背景には、それ相当の測量と地図作成技術があったと思われます。

図 条里制

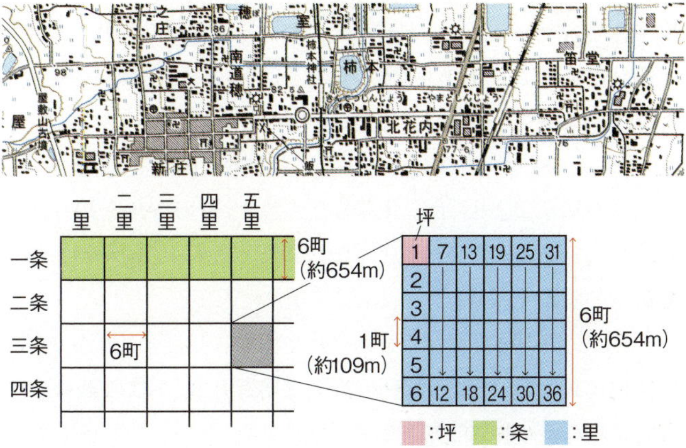

条里制は、奈良時代に行われた土地区画整理といったもの。1町(約109m)×1町からなる「坪」をベースに整然と区画された。当時のようすは、現在でも地形図から比較的容易にわかる

条里では、田畑を縦と横が1町(約109m)からなる「坪」と呼ばれる区画を単位として、坪を縦と横に6区画ずつ並べた「里」(約654×654m)、里が1列に並んだ「条」のように、土地を整然と区画整理しました。上の図のいちばん小さな四角形が、縦横約109mの坪にあたります。

このとき、誰それの土地は「○条○里○坪にある」のように管理・記録されます。残念ながら、当時の測量方法を詳細に知る手だてはありません。

行基図

一方、現存最古の日本全図は、仁和寺が所蔵する1305年の「行基図」と呼ばれるものです。 行基(668～749年)は、日本各地を

回り、貧民やそのほかの困窮者を助け、橋や道を整備したといわれています。大きさのそろっていない団子をつなげたように表現された国々からなる日本列島に、主要街道が記入されただけの簡単な地図には、「行基作」と書かれていますが、年代からしても、行基作ではなく、その写しである証拠もありません。

では、行基図は、どのようにして作成されたのでしょうか？

推測の域をでませんが、太陽などでおおよその方角を知り、目的地まで到達するのに必要とした日数などによって国々の広がりや街道の距離を推定して、地図にしたのでしょう。

それは、空中写真などで日本全体を空から見渡すことができない時代にあって、国々の関係位置と主要街道を、1枚の紙の上に表現するのに見合った方法です。

図 検地のイメージ

検地役人、百姓代表などの立ち会いのもとで、田畑に「間縄」と呼ばれる物差しが、十字（縦と横）に張られて、土地1枚ごとに面積が測量された

太閤検地

豊臣政権の世になると、全国規模で田畑の面積と収量などを調査する「**太閤検地**」が実施されます。あわせて、各地の大名には領内図を提出させて、国内支配の基礎とします。土地を調査、すなわち**検地**は、それまでにも実施されていましたが、国家的に統一されたものではありませんでした。太閤検地では、測量に使う「物差し」も統一して、「**筆**《ひつ》」という農地一区画ごとの面積のほか、農地としての土地の等級、納税者、土地の所在なども明らかにしました。

ひいき目な見方かもしれませんが、測量・地図技術者が封建制度の確立の一翼を担ったともいえます。

このとき、土地の面積は、さまざまな形に区画された田畑である筆を長方形に見立てて、縦と横の長さから求めます。

具体的には、前ページの図のように、土地の形を代表する縦

図　不整形な形の土地の面積の求め方

不整形な土地は四角形に見立てて、十字を測って面積とした

と横の測定地点を決めて、そこに「十字《じゅうじ》」と呼ばれる直角方向を示す器具を置き、これに沿って「間縄《けんなわ》」あるいは「水縄《みずなわ》」と呼ばれる物差しを張り、縦と横の長さを測量して、面積を求めました。

このとき、物差しの伸び縮みが面積の測定に影響しないように、日々間縄を点検したようすもあります。しかし、それよりも、どのあたりを測って縦とし、横とするかの決め方によって、面積は大きく変わったと思います。

ところが、このあいまいな測量方法は、西洋式の測量術が入ってくる徳川時代になっても引き続き使用されました。この間に測量の進展がなかったというわけではありません。

領主などに納める年貢は、検地で測定された面積だけから決定されるのではなく、土地の等級や質にも左右されましたから、面積の求め方を最新技術で正確にするよりも、一般農民にわかりやすい、簡単な方法が必要だったからだといわれています。

そして、豊臣政権が各地の大名に領内図の提出を要求したように、天下統一を進めるためには、土地の面積や質だけでなく、都市と交通路、そして河川や山岳といった地理的情報の重要性が増すのは当然でした。

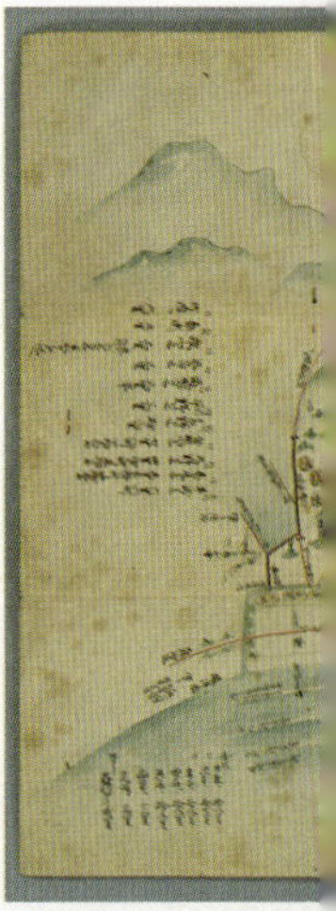

徳川幕府が諸国の大名に命じて、組織的に整備した国単位の地図「国絵図」は、当時の日本の姿をいまに伝えている。和泉国は現在の大阪府堺市
写真提供：国立国会図書館

江戸時代の「国絵図」

幕藩体制がととのった徳川政権の時代になると、全国の大名に命じて、統一的な「国絵図《くにえず》」を作成します。たとえば「慶長国絵図」（1604年）、「正保国絵図」（1644年）、「元禄国絵図」（1697年）、「天保国絵図」（1835年）などです。

国絵図には、山や海、川といった自然景観とともに、集落や道路、城といった人工物も描かれ、村々の名称は、長方形や小判型の囲みの中に記入されています。そしてこれらの国絵図をもとにして、日本図（日本総図）も作成されます。

初期の国絵図作成の技術には、大きな進歩はなく、それまでの測量技術の延長程度の内容で行われたといわれています。

道路や主要な河川といった重要な項目は、歩測などの実測（現地測量）によって表しているようですが、遠くに広がる山々につ

写真　和泉国絵図

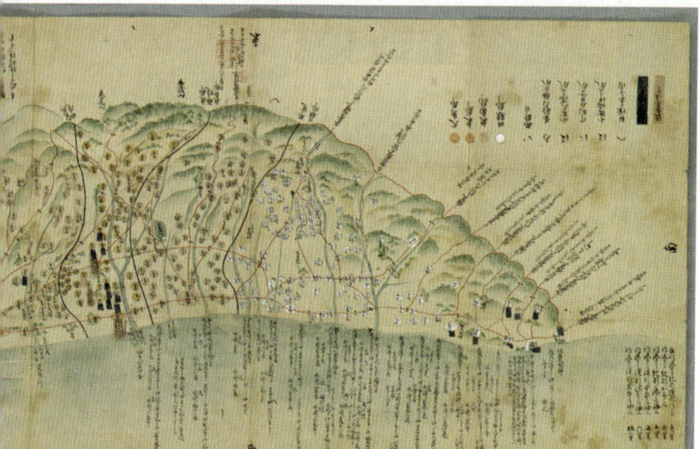

いては、鳥瞰図風に描いて紙面を埋めています。だからといって、当時の国絵図作成に使われた測量・地図技術が低いわけではありません。山野をモグラ塚のような表現ですませているのは、地図縮尺や利用目的から考えて必要性が低かったからです。

絵図の向きについても、「東が上」「北が上」などと、作成地域によって違っていますが、磁針で得られた方位をまったく意識していなかったのではなく、当時の絵図には、北を上にする必要性がなかったからです。その証拠に、地図の余白には、方位が記されたものも多くあります。

各地の都市は、現在の都市計画にあたる「町割《まちわ》り」という技術によって、街路と居住区、水路などが、方位との関連をもって整然と施工されていますから、当時の技術者には、方位磁針の使用はもちろん、正確な実測(現地測量)技術と地図作成技術があったはずです。

国産、舶来の技術が入り乱れる

国絵図の作成にいたる江戸初期までは、中国流測量術(中国の技術と中国経由のヨーロッパ技術)が伝わりました。そののち17世紀中ごろ、ヨーロッパ技術をもととする西洋流測量術(南欧系の南蛮流や北欧系の紅毛流)が長崎から直接導入されます。

その結果、観測者の前方に立てた木片や「量盤《りょうばん》」(平板)を使用して、直角三角形の相似により位置や高さを求めるそれまでの方法が使用される一方で、35ページの図の「まわり検地」のような、方位磁針で方位を求め、間縄などの物差しで距離を測定して土地の形を知る「道線法《どうせん》」(ジグザグに進むトラバース測量の一種)も使用されるなど、中国流と西洋流の測量術が混在していました。

当時、幕府大目付であった北条氏長は、1657年、明暦の江戸

図 「量盤」を使用した距離の測り方

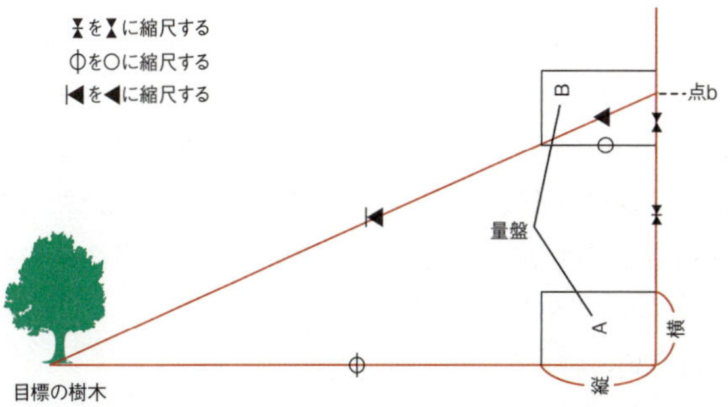

1 Aで、量盤の角（縦）を使用して、目標とする樹木方向を見とおす
2 量盤のもう一方（横）を見通した先の、一定間隔の地点にBを決める
3 AとBの間の距離を測り、距離を縮尺倍して、量盤に点bを記す
4 Bに移動して、量盤の横方向をAに向ける
5 その状態で量盤に書かれた点bから、目標とする樹木方向を見通して定規などで線を引くと、量盤に三角形の形ができる。三角形の頂点までの長さを縮尺倍すると樹木までの距離がわかる

参考：『量地指南前編』村井昌弘（1732年）

大火後、被災地を実測して区画整理をするとともに、江戸図を作成しました。その技術はオランダ人砲手、ユリアンから学んだといわれています。

その氏長の子であった北条氏如と数学者であった建部賢弘《たけべかたひろ》は、1717年ごろから幕府による日本全図の再編集を担当します。彼らは、各地点から目標となる山頂の方位角（北からの角度）を測定する「交会法《こうかい》」を実施して、日本全図の精度を向上させました（享保日本図）。こうして、日本全図の作成にも西洋測量術が使われはじめます。

地図は江戸土産にもなった

当時、測量・地図技術者などの手で、地図の縮尺を考慮し、測量によってつくられた絵図を、特に「分間絵図」と呼びました。地上距離1間（約180cm）を、地図の上に1分（約0.3cm）で表したものを「1分1間（600分の1）の地図」と呼んだことにはじまり、縮尺を考慮して、測量によってつくられた地図を「分間」と呼ぶようになったといいます。

徳川幕府が安定してくると、一般民衆の動きも活発になり、そうした人々の地理的な欲求に応える美しい日本全図が作成されます。さらには、旅人の行動を支える、現在のガイドマップや道路マップにあたる「道中図」が、鳥瞰図風な表現で作成されます。

道中図は、道筋が絵巻物風に表現されたものですが、分間絵図などとあるものは、その名のとおり分間（測量）によっています。各地点で方位磁針を使って方位を測り、目的地に到達するまでの日時や歩測などで距離を知って位置を求める、道線法の結果により作成されています。

大都市住民向けには、武家屋敷や神社などにかぎられてはいる

図 まわり（廻り）検地のイメージ

まわり検地は、ひと回りした形の道線法。目標方向の方位を磁針によって、距離を間縄などで測定し、これを次々と繰り返しては、結果を「野帳」に記録し、野帳の内容を図に表現して、土地全体の形状を把握する

参考：「磁石算根元記」保坂（与市右衛門）因宗（1687年）

図 前方交会法と後方交会法

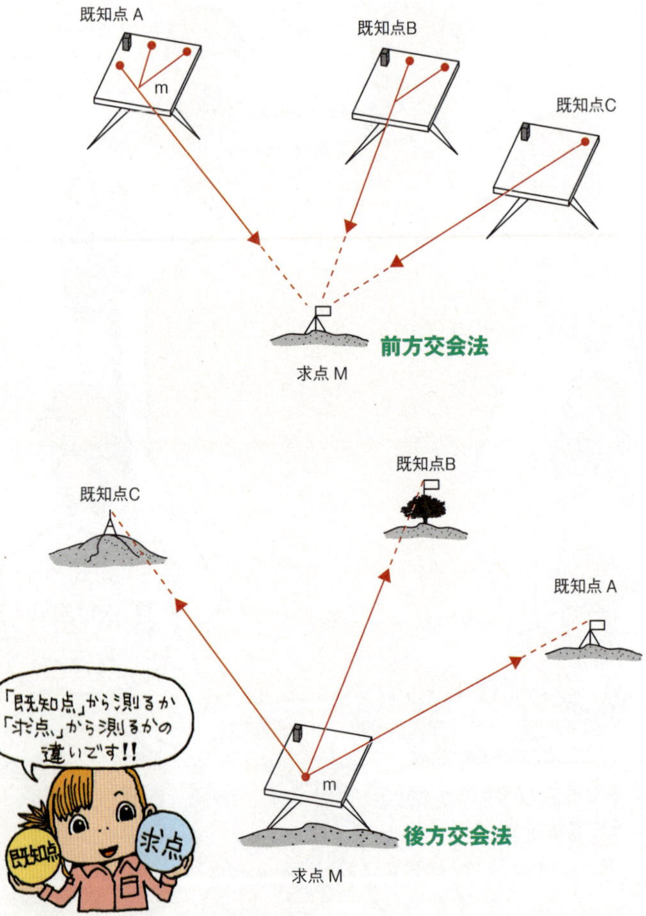

交会法には、既知点A、B、Cから求点方向の角度や距離を観測して、求点Mの位置を知る「前方交会法」と、求点Mから既知点方向の角度や距離を観測して、求点Mの位置を知る「後方交会法」、両者を併用した「側方交会法」がある。なお、図は平板測量による事例で、既知点A、B、C各点で、あるいは求点Mでアリダード（180ページ参照）などを使用して目標の方向を観測し、平板上に点mを求める

写真　東海道分間絵図（遠近道印作）

分間（測量）によって正確であるばかりか、菱川師宣の手になる道中風俗によって絵画性にもすぐれている。そして、どこまでも直線的な折本形式などになった扱いやすさもある
写真提供：東京国立博物館

写真　江戸切絵図

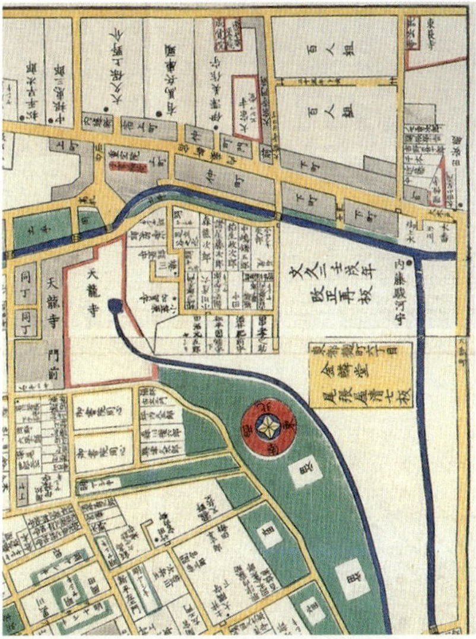

当時の町並みが手に取るようにわかる、江戸区分地図あるいは江戸版住宅地図といったもの。屋敷名文字の頭方向が表門、家紋のあるのが上屋敷、■印が中屋敷、●印が下屋敷といったちょっとした決まりごとを知っただけで、現代の読み手も楽しくなる
写真提供：国立国会図書館

ものの、詳細な名称が入った、江戸版住宅地図ともいえる「**江戸切絵図**」も作成されます。江戸全域を複数に分割した「**切り図形式**」の地図の登場です。江戸切絵図は、街案内としての用途だけでなく、江戸土産としても好評だったといわれます。

2「大日本沿海輿地全図」の地図づくり

そして1800年、**伊能忠敬**《いのうただたか》（1745〜1818年）が、実測（現地測量）による日本全図の作成をはじめます。忠敬が全国測量をはじめた動機は、よく知られているように「地球の大きさを知りたい、正確な緯度1度の長さを明らかにしたい」からでした。

それ以前、彼は、日ごと通う深川黒江町の自宅から浅草の暦局までの距離を歩測で知り、両地点で天文測量をして緯度を知り、緯度差1度の長さを求めたのですが、師の高橋至時に「これほどの短い距離では、信頼できる値にならない」とあしらわれて、それなら「どこまでも北を目指してみよう」と、陸路で蝦夷地に向かったのだといわれています。

測量開始当初の、東北から蝦夷地へ

彩色された大日本沿海輿地全図は、正確さとともに、美しさを兼ね備えている。そして、いくらかある地図記号から「これはなに」を探ってみるのも楽しい。周囲にある半円は、ポルトラノ型海図にあったコンパス・ローズ。ここでは、たんなるデザインとなって、複数の地図を正しく貼り合わせるあたりとして使われている
写真提供：国立国会図書館

向けての事業にかかる経費は、忠敬が自分で負担しました。しかし、北海道・東北測量の結果として1804年、「**日本東半分沿海地図**」が幕府に上呈（献上されること）されると、幕閣から、沿岸警備や領土保全のための重要な情報になると認められます。その後、忠敬は正式に高橋景保（高橋至時の嫡子）の部下となり、以後は幕府が経費を負担する事業になります。

全国各地の測量を続けた伊能忠敬は、日本全図が完成する前の1818年（文政元年）に、73歳でこの世を去りますが、上司であった景保などのもとで、測量結果をもとにした地図作成は続けら

写真　大日本沿海輿地全図（武蔵・下総・相模）

れ、1821年には「大日本沿海輿地全図」として地図が完成し、幕府に上呈されます。伊能忠敬の測量・地図作成は、日本ではじめての科学的手法による事業であり、その地図は、明治期以降も長く使用されました。

伊能忠敬はどんな道具で測量したの？

では、伊能忠敬の測量と地図づくりは、どのような技術と方法だったのでしょう？

角度（方位角）の測定には、「弯《わん》か羅針《らしん》」または「杖先羅針《つえさきらしん》」と呼ばれる機器を使いました。弯か羅針は、杖の先に方位磁針がついた形をしていて、杖の傾きにかかわらず方位磁針が常に水平を保つよう工夫されていました。方位磁針には、忠敬が実験と改良を重ねて開発した細身の長い針と水晶の軸受けをもつものを、江戸や京都の時計師に命じて完成させました。

磁針が指す北の方向（磁北）は、「磁針偏差が西偏7度ある」などと示されるように真北からややずれるとともに、時間とともに変化します。当時、江戸では真北と磁北がほぼ一致していたのですが、忠敬は、西洋書にある磁針偏差が観測時に現れないのは、みずからの方位磁針の性能がいいからだと考えていたといいます。自分の研究開発に自信をもっていたのです。

土地の傾斜や山や星の高度角観測には、小・中の「象限儀《しょうげんぎ》」という機械を使用しました。距離の測定は、藤つるや竹製の物差し間縄や、鉄製の鉄鎖《てっさ》がおもに使用されました。間縄は、麻縄製の物差しで、1間（1.8m）ごとに結び目や目盛りとなる小さな木札がついています。鉄鎖は、両端が環になった、長さ30cmほどの細い鉄の棒がいくつも連なった形のくさり状の物差しです。

そのほかに「梵天《ぼんてん》」は、竹などの棒の先に紙の目印をつけたも

写真 伊能忠敬が使った測量機器「彎か羅針」

彎か羅針は、杖の上部に円形の方位磁針が取りつけられた測量機器。杖の先につり下げられた状態になった方位磁針は、杖が傾いても、傾斜のある場所でも、常に水平になる

写真提供：伊能忠敬記念館

写真 中象限儀

象限儀は、円の4分の1の形をしているので「四分儀」と呼ぶこともある。扇型の円形部分には目盛りが刻まれ、取りつけられた望遠鏡によって天体を観測し、高度角を知る

写真提供：伊能忠敬記念館

写真 浦島測量之図

象限儀、子午儀、梵天竿といった測量機器などを利用した測量風景とともに、測量隊とこれに協力する人々のようすが鮮明に描かれている（写真は一部トリミング）

写真提供：宮尾昌弘、入船山記念館（広島県呉市）所蔵

ので、現在の測量用のポールにあたります。歯車の回転数で距離を測る「量程車《りょうていしゃ》」も作成されましたが、道路事情が悪く、正しく測れないため、使用されませんでした。

伊能忠敬の測量テクニック

では、忠敬はこれらの機器を使ってどのように測量したのでしょうか？

距離は、右ページ下図のように海岸線や街道の曲がり角などに立てた、梵天と梵天の間の辺L1、L2、L3を、間縄や鉄鎖を使用して測ります。前述の道線法です。角度も同じように、角a、b、cを、彎か羅針を使用して、北からの角度（方位角）として測ります。

ただし、道線法は、そのままどこまでも続けると、1カ所ごとの角や距離観測の誤差が積み重なるので、誤差を取り除く工夫が必要です。たとえば、道線法全体を45ページ上図のように大きな輪にする、要所で天文測量をする、遠方にある山を各地から観測する、などして明らかになった誤差を検討し、もとの観測値に配分し、より確かな値にします。

もしも、道線法に誤りがあれば、右ページ下図の点線のようになって、山へ向かった方向線は1つに集まらないでしょう。

そこで、忠敬は、方位観測の誤りを防ぐために、次の地点で南からの角度、a'、b'、c' も測り、誤りがないか点検し、平均します。こうした点検や、誤差の量を知るためにした多くの観測、すなわち「あまりの観測」は、とても重要です。山の位置を明らかにするため、そして誤差の積み重なりを防ぐためにも、複数の地点から遠くの山の方向を、北からの角度として測ります。

測量結果は「野帳《やちょう》」と呼ばれるノートに記入します。もちろん、

図 間縄と鉄鎖

距離の測定には、その一歩が約69cmであったという忠敬の「歩測」も用いたが、正確に測量するため「間縄」や「鉄鎖」が多く使用された

図 伊能忠敬は道線法と交会法を併用した

伊能忠敬は距離と角を往復観測し、道線法と交会法を併用することで測量精度を向上させた。そして、誤差が含まれた現地測量の結果を調整したのち、図紙に反映する形で地図を作成した

当初の目的であった「**地球の大きさを知り、正確な緯度1度の長さを明らかにする**」ために象限儀を使って、北極星などの恒星の高度角を観測して、各地の緯度も求めました。

地図の作成は、野帳に記載された現地測量の結果を、紙の上に反映するかたちで行われます。

まず、地図用紙に平行線を引き、線上に1つの針穴を開け、これを起点として観測した角度と縮尺に応じた距離から、次の針穴を開けます（右ページ下図）。この作業を繰り返し、針穴を順に結んで「**基図**《きず》」とします。基図を手本にして、針穴を新しい地図用紙に針で写し、赤線で結んで測量線とします。最後に足りない海岸線や道筋の風景図、地図記号、文字を書き込んで、「**大図214枚**」（3万6千分の1）が完成します。

「**中図8枚**」（21万6千分の1）、「**小図3枚**」（43万2千分の1）は、大図を縮図してつくります。

忠敬の測量は、当時の測量技術者にはふつうに知られていた方法で、特に目新しい内容ではありませんでしたが、注意深く正確に実施しました。前述のように、誤りを防ぐための工夫もいたるところに見られます。

使用した測量機器も、特に新しいものはありませんが、忠敬の意見や発案に沿って、専門の時計師が改良、製作して、狂いが少なくなる、間違いがでにくい、使いやすいといった工夫やしくみが取り入れられました。

地図に表現した海岸線と街道、山岳などに関しては、すべて現地で測量し（実測と呼ぶ）、測量をしなかったところは表現しません。それは、ごく当然のように思われますが、それまでの内外の地図が、空想の情報などで埋められていた事実を思えば、大きな進歩です。

図 道線法の誤差を減らす

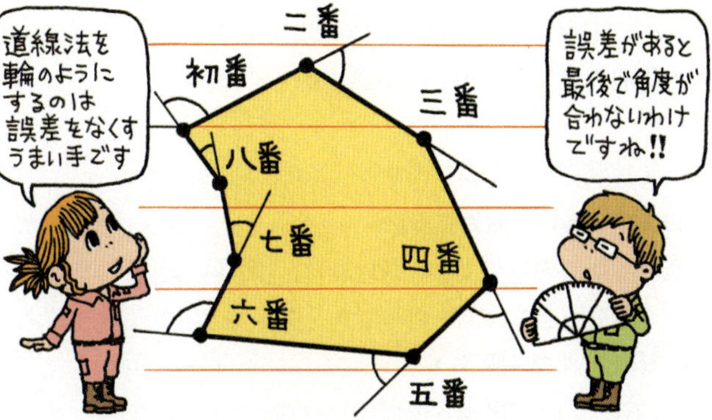

道線法を大きな輪のようにして誤差を減らした

図 伊能忠敬の地図作成(縮図法)

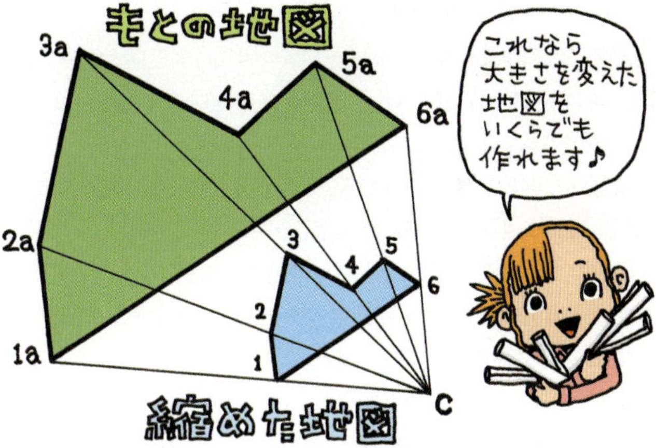

縮図は、図のようにもとの地図の隅に縮図に使う地図用紙を重ねておき、図のように1点の針穴Cを開ける。点Cを起点として、1a、2a、3a……までの長さを物差しで測り、これを縮小した1、2、3……の地点に順に針穴を開ける。1、2、3……を順に結んで縮小された図形が完成し、中図や小図がつくられる

そうした結果から、信頼性の高い大日本沿海輿地全図という日本全図が生まれ、のちの世まで認められることになるのです。ちなみに「輿地《よち》」とは、地球あるいは世界のこと、そして忠敬測量隊が作成した地図全般を「伊能図」と呼びます。

3 明治時代の地図づくり

地図は軍事的にも重要だった

続いて明治の時代です。新政府は、「お雇い外国人」の指導を受けて先進技術の導入を図ります。測量・地図技術も同じです。「伊能図」からのちに各地の地形図作成をはじめたのは、工部省(鉄道周辺など)、内務省地理局(東京周辺と主要都市)、地質調査所(日本全国)、陸地測量部(日本全国)、そして北海道開拓使(北海道)といった各役所でした。地図・測量技術は、それぞれの組織が雇い入れた、イギリス人、フランス人、ドイツ人、そしてアメリカ人の影響を受けます。

測量と地図作成を担当する唯一の国の機関である国土地理院は、1869年に民部官に設置された庶務司戸籍地図掛、あるいは1871年に設置された兵部省参謀局の間諜隊諜報係が源となり、陸地測量部へと連なります。組織が発足した当初の測量・地図作成は、重要地域にかぎられたものでした。

並行して、1871年には工部省に測量司が設置され、おもに鉄道や土木事業関連の測量・地図業務を実施し、基盤としての測量・地図事業の実施を試みます。翌年には、東京府下の土地測量に関連した三角測量が開始されます。

1874年になると、工部省の測量事業を内務省地理寮が引き継ぎ、新たに「関八州大三角測量」と名づけられて、測量の範囲が東京府下から関東周辺へ広げられます。

写真「五千分一東京図測量原図」(1884年)

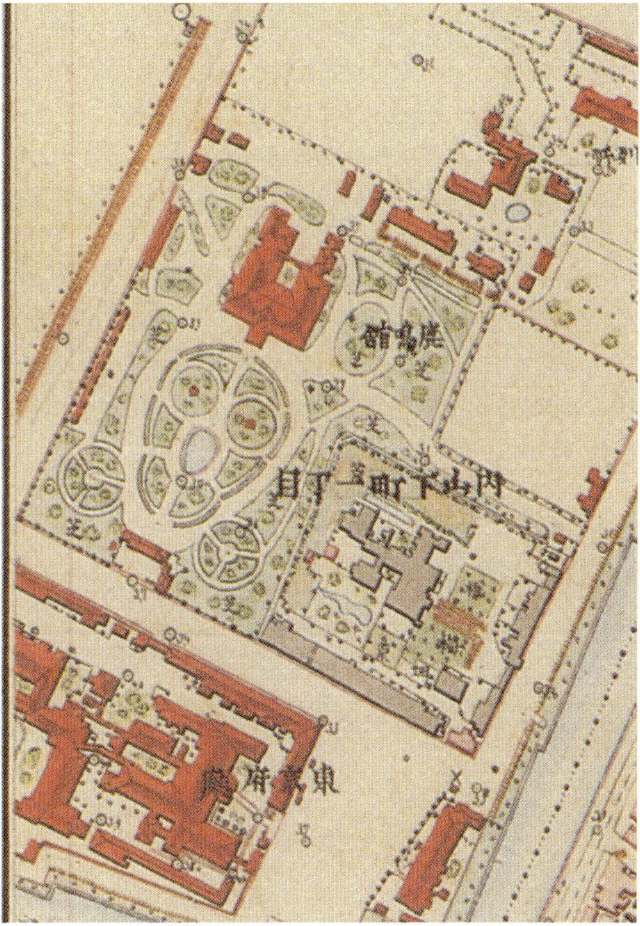

色あざやかなフランスの地図作成技術による「五千分一東京図」(東京府武蔵国京橋区本挽町近傍)からは、当時の東京府庁や鹿鳴館のようすがあざやかに浮かんでくる。本原図は、国土地理院の前身である参謀本部陸軍部測量局の測量によるもの

写真提供：日本地図センター、国際日本文化研究センター

※建設省国土地理院発行のものを日本地図センターが複写

さらに1877年には「全国三角測量」と名称を変えて、関東周辺から近畿地方まで三角測量が広げられ、地図を作成することを目指します。

陸地測量部が、ドイツの技術を取り入れて現在につながる本格的な全国の測量と地図作成に着手するのは1883年以降です。翌年には、さらに測量関係の組織改編が行われて、陸の測量・地図事業は、そのほとんどが陸地測量部（当時は、陸軍参謀本部測量局）に引き継がれたのです。

一方で、1879年には、旧地質調査所の前身となる内務省地理局地質課が発足します。地質課では、全国の「**地質図**」と「**土性図**」（のちの土壌図）整備の計画を立案し、ベースとするための地図整備を独自に開始し、1888年に「百六十万分の一日本全図」として完成します。

地質課が作成した日本全図は、本格的な三角測量にもとづいてはいませんが、陸地測量部に先がけた、伊能忠敬以降最初の実測日本全図となりました。

写真 「大日本帝国武蔵国北部土性図」（1888年）

地質調査所の前身である内務省地理局地質課は、ドイツ人技術者の指導を受けて全国の地形測量を実施し、「土性図」（土壌図）と160万分の1「日本全図」を作成した
写真提供：国立公文書館

写真「北海道実測切図 駒が岳」(1890年)

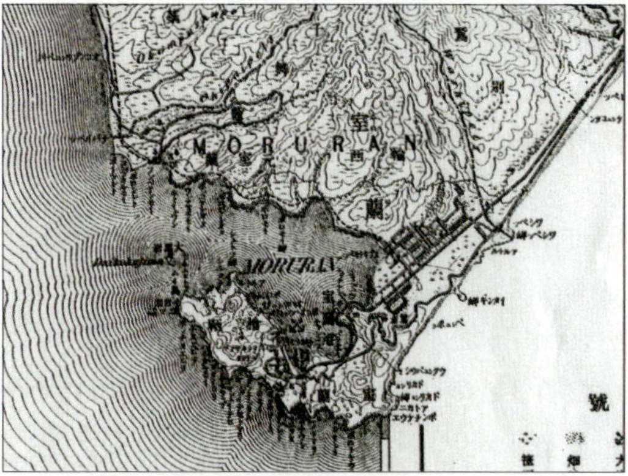

北海道開拓使の三角測量は、おもにアメリカ人技術者の指導で行われたが、並行して整備を急いだ20万分の1地形図は、ドイツ技術を学んだ地理局地質課出身の技術者を招聘して行われた

写真「東京東南部」(1917年)

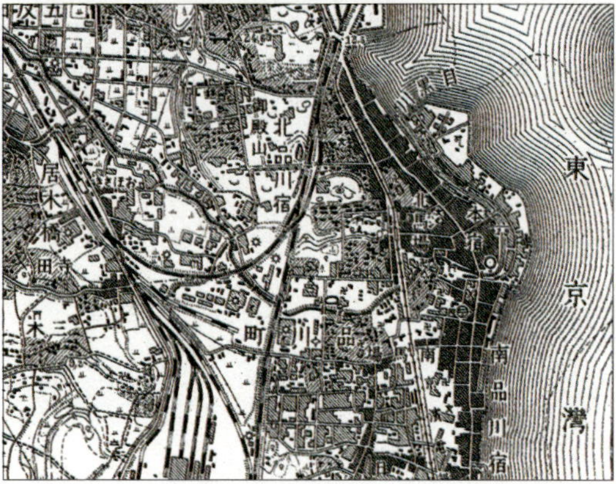

陸地測量部は、三角測量を基礎とした5万分の1地形図の作成を1895年から開始した。初期の彩色されたフランス式の地図に代わり、ドイツ技術を範とする単色地図の作成が全国規模で開始された

Column

「鳥瞰図」は鳥から見た視点ではない!?

「**鳥瞰図**《ちょうかんず》」は「鳥目絵」ともいいますから、「鳥が眺めたような地図」ととれます。私は、かつて夢の中で空を飛んでいたので、上空からの景色を実感していました。しかし、空を飛ぶ夢を見たのは、もう遠い昔になってしまいましたから、いまでは記憶がやや薄れています。身近では、航空機の小窓から外を眺めたときの景色が、鳥の目から見える風景に近いでしょう。

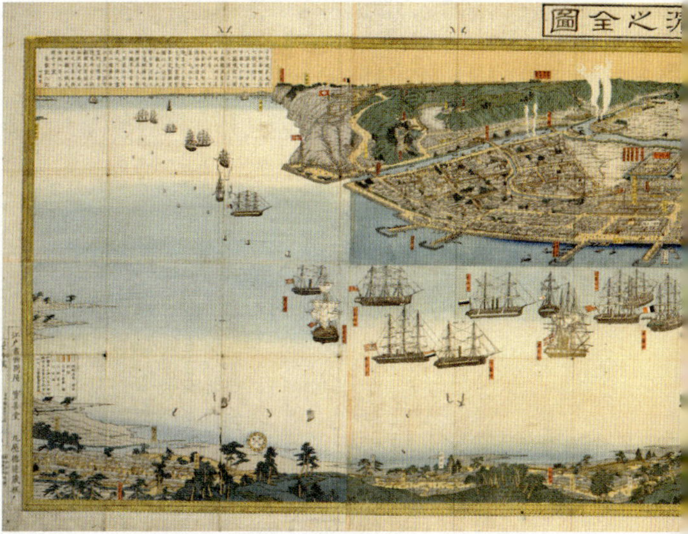

ところで、鳥瞰図は、「鳥が眺めたような地図」ではなくて、「高い視点から斜めに俯瞰した（眺めた）ような地図」ということをご存じでしたか？

鳥瞰図に対して「**蛙瞰図**《あかんず》」（仰見図《ぎょうけんず》）というものもあって、これも、蛙《かえる》が見たような地図という感じですが、蛙の眼を通して見たような地図ではありません。蛙瞰図は、たんに低い視点から見上げた地図のことです（虫瞰図ともいいます）。

また、海面から海底を見下ろした図を「**鯨瞰図**《げいかんず》」、亀が海から陸を見たような図を「**亀瞰図**《きかんず》」と呼ぶ人もいます。地中から地上を見る「モグラ瞰図」や、闇夜の地上を見る「ムササビ瞰図」もあってもよいかもしれませんね。

写真 御開港横浜之全図（五雲亭貞秀）

「空飛ぶ絵師」などと称されることもある五雲亭貞秀が描いた、貿易港「横浜」を一望する鳥瞰図

写真提供：横浜開港資料館

ここで、「鳥瞰図のはじまりは？」と、思いをめぐらせてみましょう。地図がつくられはじめたころ、真上から見た「正《せい》射投影《しゃとうえい》」の地図を、誰もが簡単に描けたとは思えません。木の枝を使って砂上に書いた初期の地図は、崖の上から地上を眺めたような鳥瞰図だったかもしれません。

レオナルド・ダ・ヴィンチ（1452〜1519年）は、みごとな鳥瞰図を描いています。しかし、彼の地図は崖の上から眺めたようなものではなく、気球の上からスケッチでもしたような立派な地図です。日本では、「屛風絵《びょうぶえ》」もあります。雲間に見えるような都の風景、豪華な寝殿造りの縁側で、音曲を楽しむ貴族たちのようすが見える絵は、かなり鳥瞰図に近いものでしょう。

もっとポピュラーに現存する日本の鳥瞰地図のはじめは、鍬形恵斎《くわがたけいさい》（1761〜1824年）の「日本絵図」と、その名もずばりの「大江戸鳥瞰図」（1802年）でしょうか。有名なのは、橋本玉蘭斎《ぎょくらんさい》こと五雲亭貞秀《ごうんていさだひで》（1807〜1878年？）の「御開港横浜之全図」（1860年）です。彼らは、航空機のない時代に、どのようにして上空高くに視点を置いたのでしょう。不思議ですね。

そして、有名な鳥瞰図師、吉田初三郎（1884〜1955年）の大量の鳥瞰図作品があります。彼が航空機を利用したかどうかは知りませんが、この時代になれば、参考となる正確な地図が用意されていたはずです。

第2章

地図の種類はこんなにある!

2-1 頭の中の地図は自由自在に変形する!

ここまで、「人はなぜ地図をつくるのだろうか？」という見方で、簡単に世界と日本の地図の歴史をたどってみました。

そこでは、統治者は広い意味での領土管理のために地図をつくり、民衆はみずからの行動を支援するためにつくられた地図を生活のなかで利用してきました。その後も人々は、球面や平面に表現した多くの地図を、終わることなくつくり続け、利用してきました。

そこで、第2章では「使う」に注目して地図を考えてみましょう。私は、ときおり「道に迷わないためには、どうしたらいいでしょうか」と問いかけられて答えに困ります。

でも、そのとき誰かが、「手元に地図さえあれば、すべては解決しますよ」と答えたとしたら、「それは違いますよ」と私は言い張るでしょう。

実は、**人は地図をもっていても、道に迷う動物**なのです。

この疑問について考える前に、少々寄り道をしてみましょう。人気のテレビ番組『はじめてのおつかい』の、おつかいを頼まれた子どもたちの行動を思い浮かべてみます。

主役の子どもたちにとって、『はじめてのおつかい』は、2つの意味で冒険です。1つは母親などの指示どおりに買い物をすませること。もう1つは、目的地へ迷わずに到達し、帰宅することです。

当然ここでは、後者の「道に迷わないで帰宅できるか」を話題にしますが、私の知るかぎりでは、親が子どもたちに地図を渡した例を見たことはありません。でも、子どもたちが、大きく迷子になった例も知りません。どうして、小さな子どもたちは迷わな

図 ユイちゃんの家からケーキ屋さんまでの一般的な地図

ふつうの地図はこのような感じだろう

いのでしょうか？　そして、道に迷うとしたら、どのようなときなのでしょうか？　考えてみます。

地図をもたない子どもたちの頭脳にだって、買い物にでかける範囲の地図が記憶されているはずです。頭脳の地図は、私たちがふだん目にする地図とは違う形かもしれません。

たとえば、地図の上では「ユイちゃんの家の前にある道を右へ進み、100mほど先にある橋を渡った先にあるY字路の右手の道を200mほど進むとケーキ屋さんがある」のだとしても、ユイちゃんの頭脳の中の地図では「家の前の道を、カオリちゃんの家の方向にまっすぐ進むとケーキ屋さんがある」と簡単に記憶されているかもしれません。

もちろん、形として道がまっすぐでなくても、ケーキ屋さんはカオリちゃんの家へ向かう道筋にあります。そのときY字路の左手のもう1つの道は、コウタくんの家へ向かう「まったく違う道」として記憶されているかもしれません。

そして、いつもお母さんといっしょに通る商店街の買い物道は、頭脳の地図になんども線が引かれて、真っ黒な太い線で描かれているでしょう。買い物道に比べて、大通りから少し入った道や、家から遠い商店街の先にある道は細い線で描かれているか、まったく描かれていないかもしれません。

いずれにしても、子どもは子どもなりに、みずからの行動基準に合う、簡略化された頭脳の地図を広げて、的確に使用しているから迷わないのでしょう。

手元に紙の地図をもって行動するときも、**地図に書かれたすべての情報を見てしまうとうまくいきません**。周囲の景色だって同じです。ユイちゃんの頭脳の地図のように、必要な部分だけに注目して行動するのが、大事なのです。

図 ケーキ屋さんまでのユイちゃんの頭脳の地図

ケーキや
カオリ
ユイ

目的地に到達するのに必要な情報以外は大幅に省略されている

コウタくんの家に
つながる道は、
ほとんどないものの
ように扱われています

図 コウタくんの家までのユイちゃんの頭脳の地図

コウタ
ユイ

コウタくんの家までの道すじは、まったく違う道として記憶されているかもしれない？

ケーキ屋さんや
カオリちゃんの家に
つながる道は、
ほとんどないものの
ように扱われている
ハズ

2-2 どうして人は、地図を必要とするの？

私たちは地球（街や自然など）の風景を見ながら行動しています。その地球の風景が「**頭脳の地図**」として脳に蓄積されて、行動を容易にしています。

頭脳の中の地図は、家から学校までのような、ふだん行動している範囲なら、1枚の広がりのある地図として記憶されているでしょう。しかし、東京から、夏休みではじめて訪れた長野市までだとどうでしょうか？

先ほどのユイちゃんの頭脳の地図と同じように、ふだんの行動範囲に近い東京駅までは、詳細な地図が用意されているとしても、そこから先は、旅行で利用した新幹線という、頼りない線だけの情報でつながり、長野駅から先はふたたび、少しだけ広がりのある情報へとつながっているのだと思います。

しかし、このままでは新しい旅ができません。そこで、情報誌を読み、地図を広げて、途中駅のようすを調べて、頭脳の地図に情報を書き足し、小諸や軽井沢などの旅にでかけることになります。一般に、地図が苦手な人は、おおむね事前に地図は見ません。そうした彼、彼女らは、「他人力（の地図）」を頼りに行動することが多いはずです。仮にそうだとしても、新しい行動の結果を踏まえて、わずかでも**頭脳の地図に情報を書き足す努力があれば、次の行動を容易にする**はずです。

このように、頭脳の地図とともに、地球を表現した地図が身近にあれば、新しい行動が可能になります。風景を見て、次の行動に必要な重要項目を選りすぐるのが苦手な人にとっても、地図は少しだけ助けになるでしょう。

図 日比谷から水準原点までの地形図

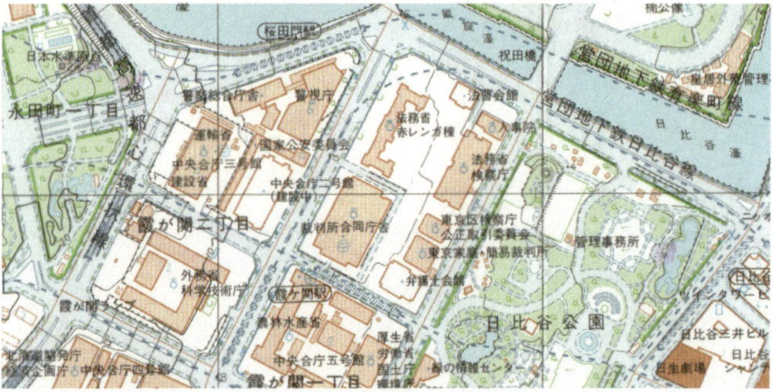

1万分の1地形図「日本橋」。これは、ふつうの地図

図 記憶の中の地図

記憶の地図は、情報が重要なポイントだけでつながっている?

地図は昔の風景も教えてくれる

さらに、航空機から眺めなければ見られない地球の姿も、地図によって容易に把握することができます。

もちろん、正確につくられた地球のジオラマ（地図）は、都市計画や農地開発、港湾計画といった国土開発のための必須アイテムです。地図に表現された地形や既存市街地などから、最適なルートはどこにあるか、どのような都市開発がいいか、必要な土の量は現場で確保できるかなどを検討します。

さらに、法律に定められた日照権は確保できるか、自然災害の危険はないか、といった社会環境や自然環境の変化・予測を検討する場面でも地図は力を発揮します。そして、各分野の技術者は、地図の上に表現された情報をもとに計画を現実のものにします。

人々に、巨人のような視点と、鳥のもつ視力での観察を可能にし、あるいはアリのようになって地下をめぐるのを実現してくれるのが地図です。しかも、そのときどきにつくられた地図は、変化し続ける地球の一瞬を切りだして記録していますから、**写真技術がいまほど発達していなかった昔の風景を、いとも簡単に知ることができます**。

維持管理された地図があれば、たんに昔を懐かしむだけの利用だけで終わらないはずです。いま、私たちが生活し、活動している平坦な土地が、丘陵地を切り崩した安定した地盤なのか、海浜を埋め立てた、やや不安定な地盤なのかを知れば、災害に対しての備えができます。森林の減少を知れば、これからの地球を考える貴重な資料にできます。

このように、地図は人々の生活をより安全で快適なものにし、地球という“自分”を見つめなおし、かつ健康を維持するための道具として不可欠なものなのです。

図 どれほど開発が進んだかがわかる地図

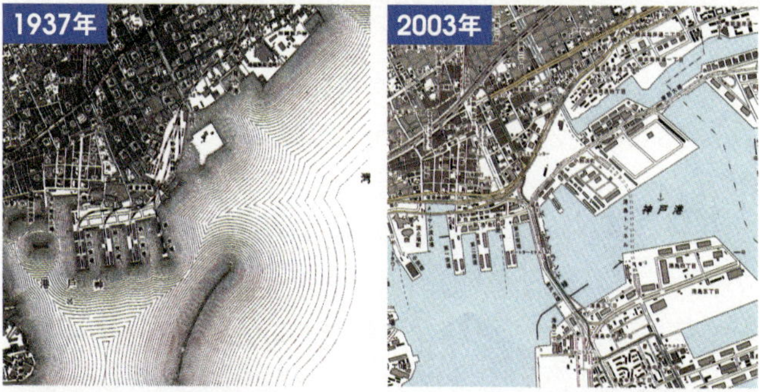

日本の海岸線に占める自然海岸の比率は約50%である。兵庫県の自然海岸の比率は約30%しかなく、人工海岸の比率が高い

出典：2万5千分の1地形図「神戸首部」、1937年測図、2003年更新
参考：「自然環境保全基礎調査」環境省

図 どれほど海岸線が後退したかがわかる地図

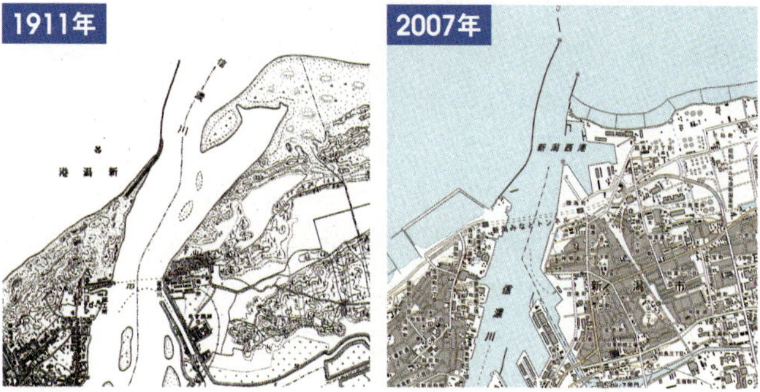

海岸線の後退は、供給土砂量の減少や土砂の採取、漂砂量の変化などによって起きるが、新潟海岸では地盤沈下の影響も大きい

出典：2万5千分の1地形図「新潟北部」、1911年測図、2007年更新

2-3 地図にはどんな種類がある？

世の中にはどのような地図があるのでしょう？　前述のように地図とは、「地上のようすを、ある決まりのもとで、紙などに表現したもの」です。

そして、一般的にはどの地点も真上から見た状態で表現されています。これを「**正射影**《せいしゃえい》」といいますが、鳥瞰図のように、視点が斜め上空にあり、同じ1枚の紙の中で、場所によって縮尺が違う地図もあります。

みなさんは、「匂いの地図」「脳の地図」「月の地図」「銀河系の地図」といった言葉を聞いたことがあるでしょうか？　このように、とても広い範囲の「地図」には、対象物が限定されていません。

しかし、少し地図の範囲を縮めると、「地」の範囲が地球の表面となり、それを「図」にしたのが地図です。

ですから、『地図学用語辞典』(日本国際地図学会／編、技報堂出版)では、地図を「地表の形状を一定の約束に従って、一定の面上に表示した画像で(あって)、その上下の空間を含む……」と定義しています。

では、「**地図**」と「**地形図**」とは、どう違うのでしょう？

同じ『地図学用語辞典』には、次のようにあります。地形図とは、「地表面の自然の及び人工物の位置・高さ・形状を基準点に基づき、縮尺に応じて、正確詳細に表示した(もの)」。簡単にいえば、「**地表面のようすを、測量によって正確に表現したもの**」です。詳細はあとで説明しますが、正確に表現するためには、「**三角点**」や「**水準点**」と呼ばれる位置や高さの基準点にもとづいて測量され、つくられていなければなりませんし、省略される例が多い「**等高線**」

図 一般的な（正射影の）地図

地図はどこまでも真上から見た情報で埋められている

『研究学園都市 つくば』（2006年1月発行）
図版提供：国土地理院

写真 鳥瞰図（吉田初三郎）

鳥瞰図は、独特の広がりをもつ、多視点からの情報で作成されている。みずからも「大正広重」と名乗ったという鳥瞰図師、吉田初三郎の作品は、いまなお根強い人気がある。写真は「日本八景雲仙岳交通図絵」（1927年）

©アソシエ地図の資料館

などによる高さの表現も必須です。

では地形図は、誰がつくっているのでしょうか？

陸の地形図は、国の機関である国土地理院と都道府県市区町村が、そのほとんどを民間測量会社に委託して作成しています。なかでも、**国土地理院が発行する「2万5千分の1地形図」**は、全国土の整備が完了していて、これを特に「**国の基本図**」と呼びます。書店などの店頭に並ぶ地図と、カーナビゲーションや携帯電話などで表示される民間会社の地図は、税金を使用して役所がつくったこうした地形図をほぼ無償で利用していて、民間地図会社が

図 横から見た地図

私たちの視点は、地上の風景の横にある。だが、ふつうの地図は真上から見たもの。もしも、横から見た地図をつくったらこのようになるが、はたして使いやすいだろうか？

図 鯨瞰図

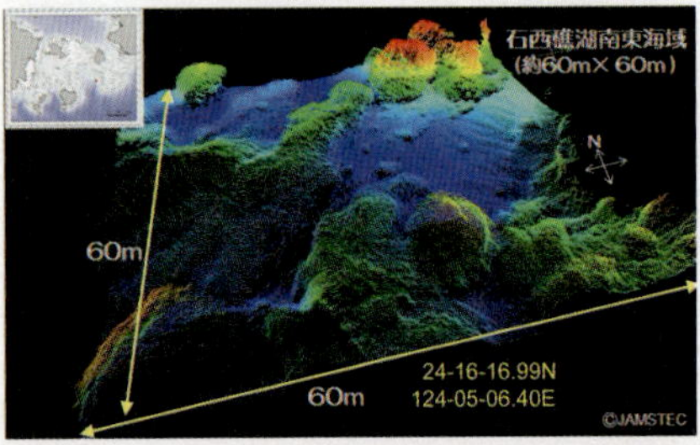

海の中を雄大に泳ぐ鯨の目から見たような海底地形の図。同じように、陸上で下から見上げたような図は、蛙瞰図や虫瞰図と呼ぶ

図版提供：海洋研究開発機構（JAMSTEC）

みずから測量して最初から地図を作成したものではありません。

ちなみに、海の地形図「海図《かいず》」は**海上保安庁海洋情報部**が作成しています。では、作成される地図には、どのような種類があるのでしょうか、整理してみましょう。

図 月の地形図

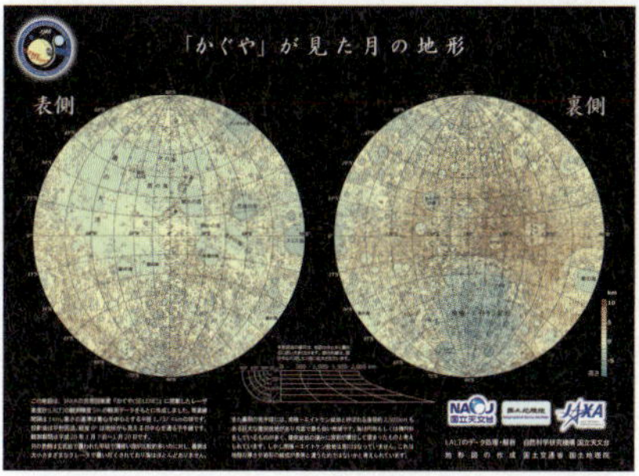

月周回衛星「かぐや」（SELENE）に搭載されたレーザ高度計（LALT）で取得した、100万点以上のデータによって作成された月の地形図

図版提供：国立天文台、国土地理院、JAXA

図 そのほかの市販地図

各民間地図会社は見やすさの追求や内容の差別化を図り、しのぎを削っている。左は道路地図としての使いやすさを追求している地図だ

『ライトマップル関東道路地図』（2010年）
図版提供：昭文社

1 縮尺による分類

地図を縮尺体系で分類すると、**大縮尺図**、**中縮尺図**、**小縮尺図**のように分けられます。ちなみに、「1万分の1地形図は、5万分の1地形図より大縮尺だ」というように、より現実に近い地図を、大きな縮尺の地図といいます。そして、おおむね以下のように区分されます。

- **大縮尺図→1万分の1より大きい縮尺の地図**
- **中縮尺図→1万分の1から10万分の1縮尺の地図**
- **小縮尺図→10万分の1より小さい縮尺の地図**

図 2500分の1都市計画(白)図

都市計画区域および主要市街地などで一般的に用意されている。市販の市街図、住宅地図などは、この地図をもととしている

図 2万5千分の1地形図「土浦」

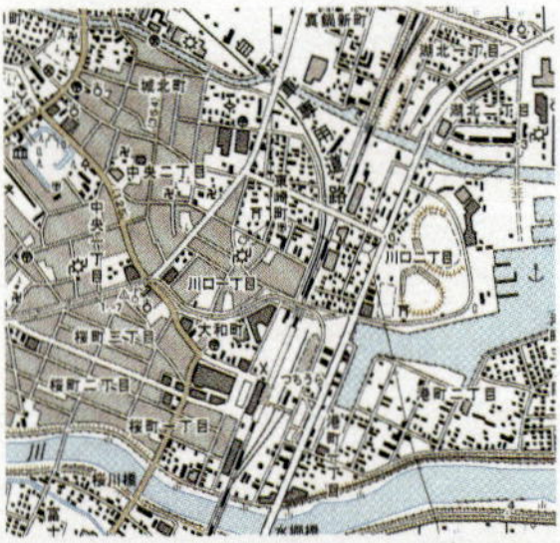

2万5千分の1地形図は、日本全域を網羅する最大縮尺の地図。多くの民間地図のベースになっている

2 利用目的による分類

利用目的で分類すると「**一般図**」「**主題図**」「**特殊図**」の3つに分けられます。

一般図は、多目的に利用できる地図、すなわち国土地理院がつくった「地形図」や「地勢図」が、おもに該当します。

主題図は、ある特定の主題（テーマ）をもって作成された地図で、おおむね一般図を基図にして主題を色彩や記号で表現します。たとえば、「土地利用図」「地質図」「植生図」、そして市販の「道路マップ」などをいいます。なかには、最初から主題のために測量してつくられる「地籍図」や「湖沼図」といったものもあります。

特殊図とは、一般図、主題図のいずれにも分類できない地図で、「触地図」（目の不自由な人のための、手でふれて理解する地図）、「鳥瞰図」「立体地図」などをいいます。

図 20万分の1地勢図「東京」

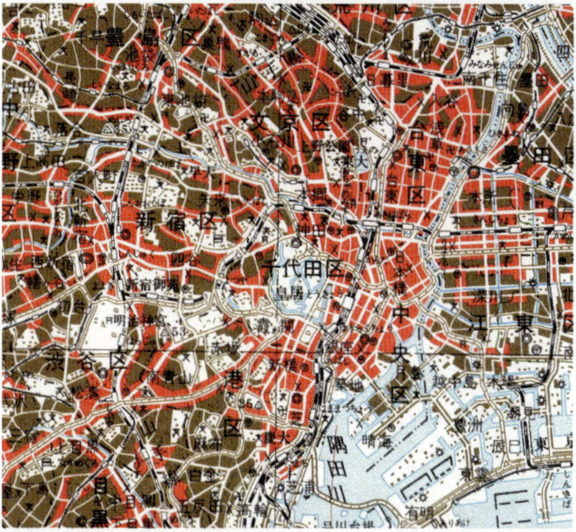

地勢図は小縮尺図であり、一般図でもある。図の赤色は商業地、茶色は住宅地を表現している

図 20万分の1土地利用図「松山」

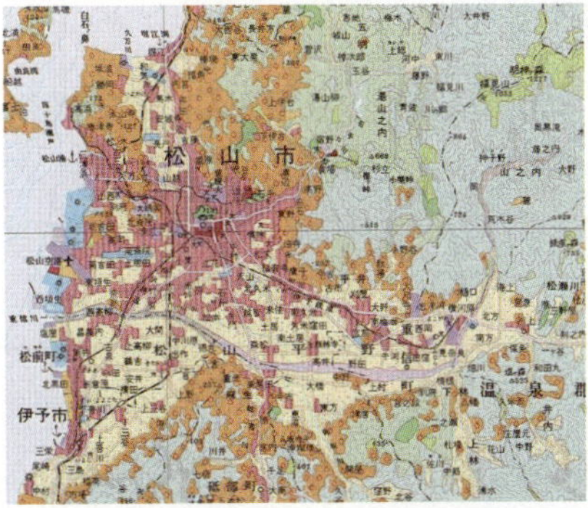

赤色系は商業地や住宅地、茶色系は果樹園や田などの耕地、水色系は工業地や未耕地といったように、土地利用を19ほどに細分類して表現した主題図だ

写真 触地図

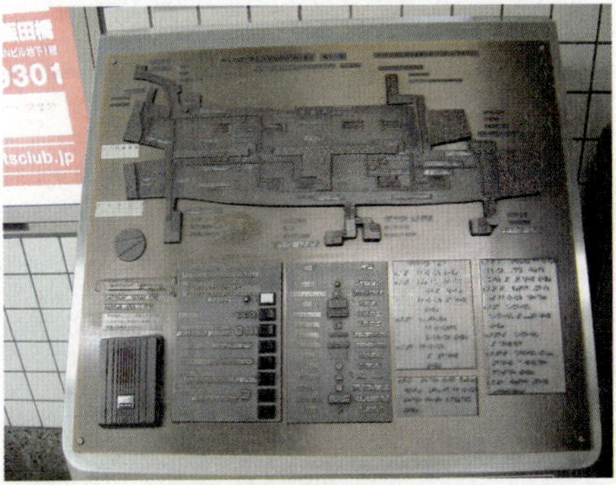

東京メトロ「飯田橋駅」にある触地図。目の不自由な人のために駅構内を案内する地図だ

3 そのほかの分類

詳細な説明は省略しますが、地図はそのほかにも多くの分類方法があります。「**作成方法による分類**」(平板測量、写真測量といった測量による作成か、基図をアレンジして作成した編集による作成か)、「**地図投影法による分類**」(どのような投影法を使用し

たか、170ページ参照)、そして、「**表現法による分類**」(地形表現に「**ぼかし**」「**等高線**」「**ケバ**」のいずれが利用されているか、2次元の地図か3次元の地図か)などがあります。

図 平板測量による地形図

図 写真測量による地形図

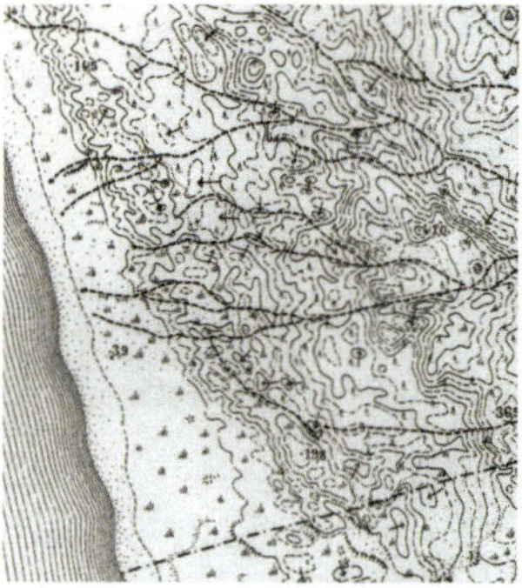

「土崎」1912年測量(左)と「土崎」1971年測量(右)。秋田市の北、土崎地区に広がる砂丘地帯を表現した平板測量と写真測量の地図。平板測量によるものは、同じ地形を表現したとは思えないほど詳細である

図 ぼかしと等高線の併用

西北方向から光が当たっているとして、等高線で表現された地形に影をつけている。地図を回すとわかるが、南東からの光では凹凸が反転する

図 ケバ

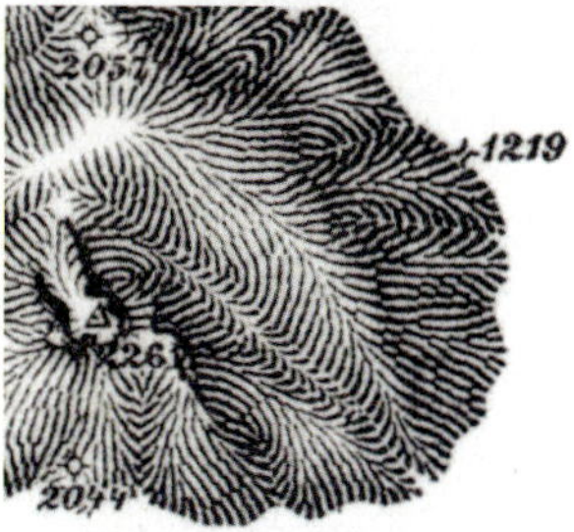

傾斜などに応じて、一定の規則に従ったくさび型の短い線を描いて、地形を表現する

2-4 主題図は テーマをわかりやすくした地図

特定のテーマをわかりやすく表現した地図を「**主題図**」といいます。主題図は、テーマに応じた現地の調査、空中写真の判読、そして関連する資料を利用したりしてつくります。

身近な例としては道路マップや観光マップがありますが、私たちになじみの少ないものであっても、重要な役割をもった主題図が多くあります。防災などに役立つ主題図をいくつか紹介しましょう。

1 土地条件図

「土地条件図」は、防災対策などを目的として、土地の成り立ち、地盤の高低、干拓や埋め立ての歴史などを表示した、縮尺2万5千分の1の地図です。

土地条件図を利用することで、洪水や高潮などの際に、どこでどのような被害が予想されるかなどを知り、自然災害から人々や資産を守ると同時に、開発に適した土地はどこか、どのような防災対策をするべきかなどの問題にも答えることができるものです。

2 都市圏活断層図

「都市圏活断層図」は、阪神・淡路大震災の発生を機会に、人口が集中し、大地震の際に大きな被害が予想される都市域とその周辺地域の活断層の位置を調査し、詳細に表示した縮尺2万5千分の1の地図です。

「**活断層**」とは、おおむね1,000年から数万年の間隔で繰り返し

図 土地条件図

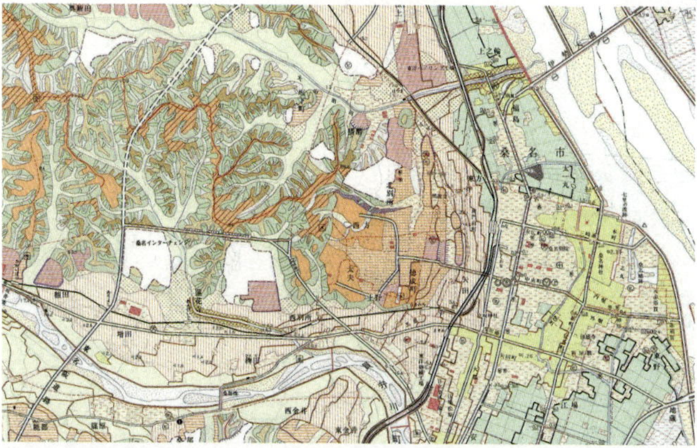

2万5千分の1土地条件図「桑名」。桑名の市街地は、自然堤防（黄色系）などの高まりに位置していることが読みとれる

図 都市圏活断層図

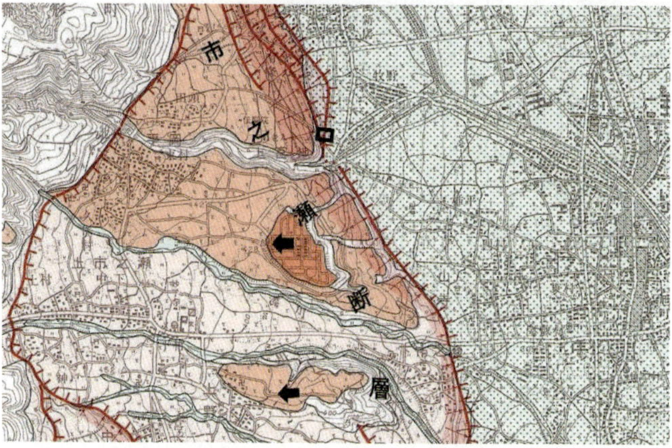

2万5千分の1都市圏活断層図「甲府」。国土地理院が活断層研究者と協力して、都市域とその周辺を対象に活断層を調査した図

動いてきた跡が地形に現れ、今後も活動を繰り返すと考えられる断層です。

この地図は、国土地理院が活断層の研究者と協力してつくりました。活断層の位置を空中写真判読によって明らかにして地図にすることで、防災や災害の被害を少なくする減災対策や、適正な開発をするための資料として活用されることを期待してつくられています。

3 火山土地条件図と火山基本図

「火山土地条件図」は、火山防災を目的として、過去の火山活動によって形成された地形や噴出物の分布のほか、防災関連施設・機関などを表示した、縮尺1万5千分の1〜5万分の1の地図です。火山噴火の際の防災対策や土地利用計画のほか、研究・教育のための基礎資料として活用できるものです。

「火山基本図」は、火山防災を目的として、活動中の火山や、将来活動が予想される火山などを対象にしてつくられた、縮尺5千分の1または1万分の1の地図です。精密な火山地形を表示した「**大縮尺地図**」は、火山噴火時の防災計画や緊急対策に利用されています。

4 湖沼《こしょう》図

「湖沼図」は、おもな湖沼とその沿岸を対象として、湖沼とその周辺の有効利用と環境の保全をテーマとしてつくられた縮尺1万分の1の地図です。地形図には、5mまたは1mごとの「**等深線**《とうしんせん》」で示した湖底の地形、湖底表面の堆積物(底質)、水中植物のほか、湖岸や湖面の各種施設などを表現しているほか、湖底の断面形や底質の分布なども、別図として描かれています。

図 火山土地条件図

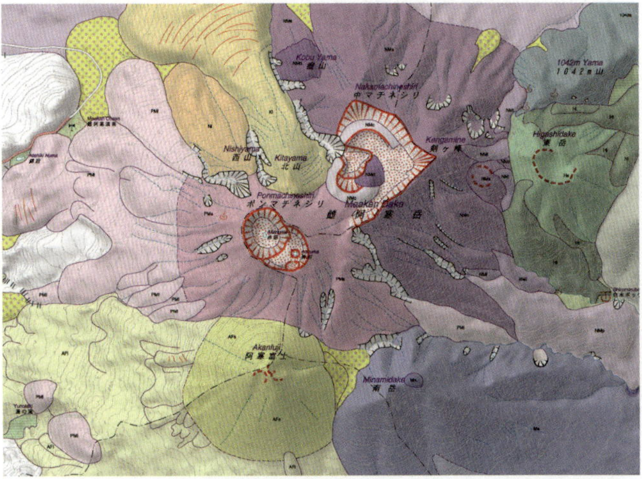

2万5千分の1火山土地条件図「雌阿寒岳・雄阿寒岳」。雌阿寒岳は、火山堆積物が折り重なる複数の火山からなっていることがわかる

図 火山基本図

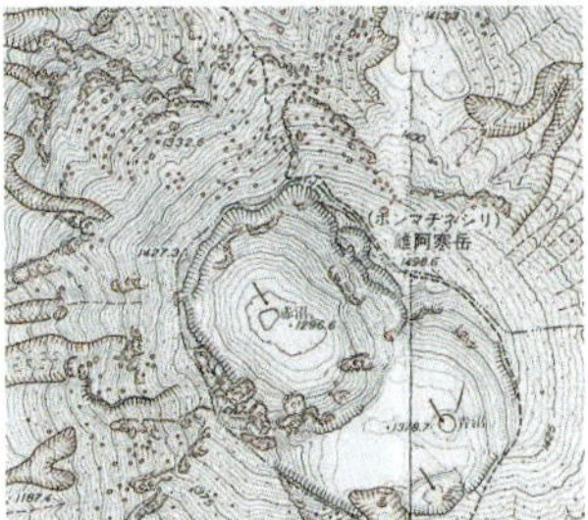

1万分の1火山基本図「 雌阿寒岳 」。溶岩流、火砕流堆積地、カルデラ壁といった火山特有の地形を詳細にした大縮尺地形図

図 湖沼図

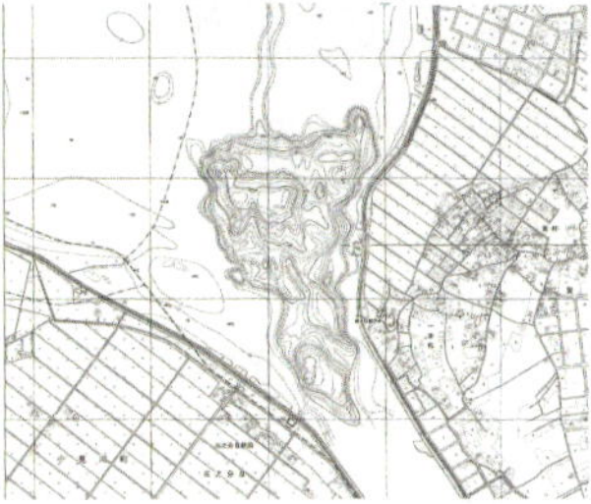

1万分の1湖沼図「霞ヶ浦11号（北浦）」。ふつうは目にすることができない、湖底の地形や堆積物、そして水中植物などを表現した大縮尺図

5 地籍図

「地籍図」は、土地所有者の協力を得て土地の境界を確認し、市区町村が測量してつくる、土地管理のための主題図です。「1筆」(土地の区画)ごとの境界位置と面積を測量した地籍図とともに、土地の所有者、地番、地目について調査した地籍簿もつくられます。地籍図と地籍簿は、法務局に送られて土地管理に利用されます。

図 公図と地籍図

公図

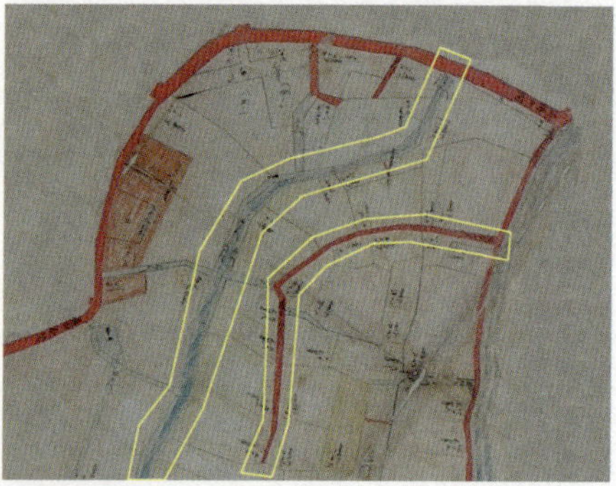

明治期につくられた「公図」は、簡便な測量によるものだが、いまなお一部で使われている。正確な地籍図が作成されると、順次置き換わる

出典:「19世紀の遺産 法定外公共物(農地転用地区における水路・里道の管理)」(国土交通省 土地・水資源局 国土調査課)

地籍図

6 都市計画図

「都市計画図」は、市区町村の都市計画の内容について表示した地図です。具体的には、住居専用区域や商業地域がどの範囲なのかといった用途区分と、現在どのような道路や施設があり、将来計画はどのようになっているかといった都市計画について表示してあります。都市計画内容を表示する前の2500分の1の都市計画（白）図（66ページ参照）が、一般に公開されて、多くの市販市街地図のもとになっています。

図 都市計画図

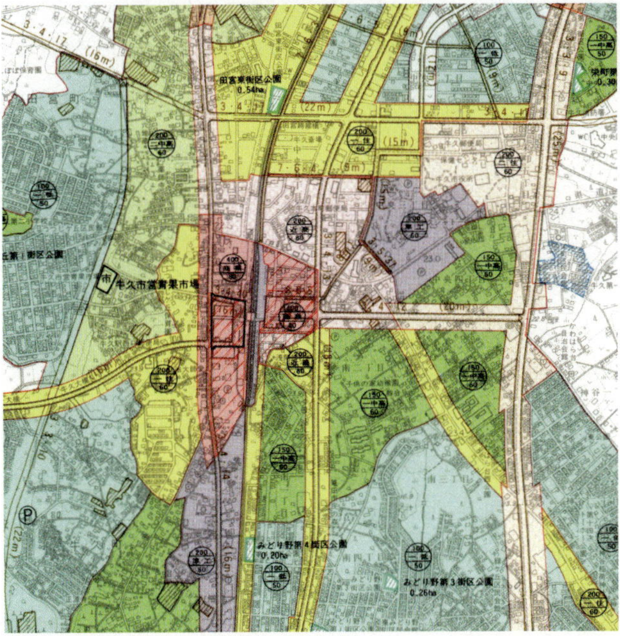

計画的な街づくりに必要な、都市計画街路、色分けした用途区分、建築物の建ぺい率と容積率などが表示されている

出典：1万分の1牛久市都市計画図（茨城県牛久市）

2-5 日本は情報公開が進んでいるすばらしい国！

市販地図のベースになっているのは、国土地理院と市区町村が作成した地図、いわゆる「**官製地図**」です。国土地理院が作成した地図などの公開・提供は、1887年に一般への公開がはじまり、1941年に戦時のため地図販売が一時中止になることもありましたが、おおむね誰でも自由に入手できます。

1980年代までの公開は、紙地図と撮影した空中写真だけでしたが、そののち急速に進展します。そのようすは、国土地理院の地図提供の歩みをたどってみるとよくわかります。

そして最近では、「数値地図200000」（地図画像）、「数値地図500万」（総合）、「数値地図25000」（土地条件）、そして航空機レーザ測量による「数値地図5mメッシュ（標高）」、同データを紙ベースにした「2万5千分の1デジタル標高地形図」など、次々と新しい情報が公開、提供されています。このように、**紙地図からデジタル地図への進行は明らか**です。そして、同じデジタル地図データの提供であっても、当初は紙地図と同等の地図画像データ（**ラスタ形式**）だけでしたが、現在では**ベクタ形式**のデジタル地図データ（空間データ基盤）も公開しています。

ラスタ形式のデジタル地図データとは、紙地図をスキャナーで読みとった地図画像といったものです。同データは、印刷物のように格子状（グリッド）に並んだピクセル（画素）の集合体でできていて、各ピクセルはグリッドで表現される位置と色の情報をもちます。

これに対して、ベクタ形式のデジタル地図データは、「始点が（X1、X2）、終点が（X2、Y2）の線である」といったように、長さと方向からなるデータに、ポイント（点）、ライン（線）、ポリゴン（面）といった属性情報をもっています。

両データは、拡大縮小をしないなど単純な表示や重ね合わせだけならラスタデータを、拡大縮小のほか高度な検索や分析を行う場合にはベクタデータをといったように、それぞれの特徴を生かして使われます。

ところで、デジタル化が加速した結果、2万5千分の1地形図の販売枚数は、大幅に低下しています。1987年は300万枚も売れていたのに、2007年には100万枚にまで落ち込みました。一方、2007年の「**地図閲覧サービス（ウォッちず）**」（http://watchizu.gsi.go.jp/）の閲覧件数は、1年間に7,000万件にもなるそうです。

誰もが携帯電話をもつ時代です。仮に携帯電話所有者を1億人として、その20％が年に5回、民間地図サイトを閲覧しただけでも1億件になりますから、紙地図が売れないはずです。それでも、書店などに並ぶ地図関連の図書は多様になり、民間も含めたWebでの地図提供も盛んになって、多くの読者のみなさんは、地図が身近になったと感じているのではないかと思います。

その背景には、国ばかりでなく、地方公共団体が作成した官製地図とそのデータの無償公開がありますが、地図を利用する一般の方々にはあまり知られていないことです。地図の提供に関して、一部の先進国では有償の国があり、発展途上国では中・大縮尺地図の国外持ちだしが禁止されている国があるのを思うと、日本は地図の情報公開が進んでいるすばらしい国です。

地図を自由に利用できることは、私たちの行動を楽しいものにし、カーナビゲーション、人ナビ、地図公開サイトなどの新しい産業を生み、思ってもいない経済、社会活動の種をつくりだしているのだと思います。

Column

山の高さは平均海面から、海の深さは最低水面から測る

海面は、潮の満ち引きによって上下しています。ですから、「海岸線」（地図の用語では水涯線《すいがい》という）の位置も変化していて、日本でその変化がもっとも大きいのは、九州北西部の「有明海」です。海面の高さ（潮位）で約6m、水涯線の位置は最大約5kmも変化するそうです。この海岸線は、地図のなかで、どのように表現するのでしょう？

国土地理院の地形図（陸図）の等高線や山の高さの基準は、一部の離島を除き、全国どこでも「東京湾平均海面」です。

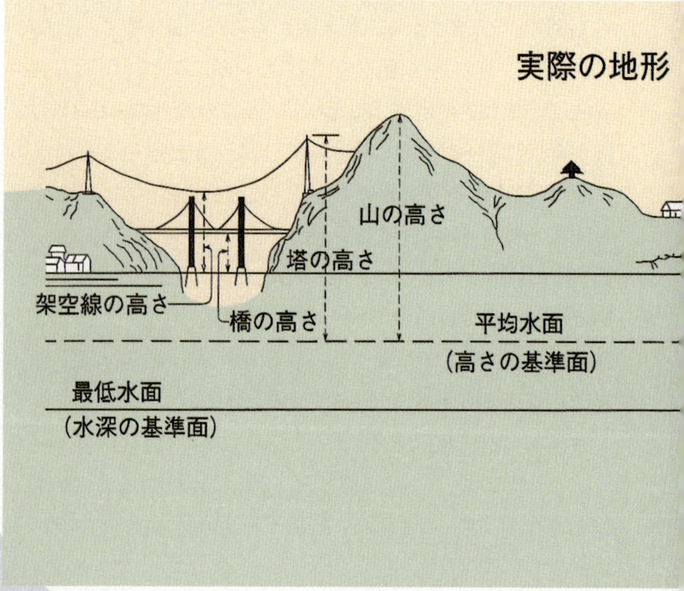

そして、海岸線は満潮時のようすで表現する決まりですから、干満の差が大きい場所では、これを現地で調べて海岸線とします。「常に陸として利用できる満潮界」を基準にして、陸地を表現しているともいえます。干潮時にだけ現れる海岸線は「**干潮界**」として破線で表示されます。

では、こうした基準と表現方法は、海図でも同じなのでしょうか？　当然ですが、海図は海上交通での利用を想定したものです。となると、陸図とは反対に、「常に海として利用できる干潮界を基準」に、海に重点をおいて表現するのではないかとも思えますが、そう簡単なものではありません。

海図に示された水深は、海面がこの基準面より下がることがほとんどない「**最低水面**」が基準になっています。そして

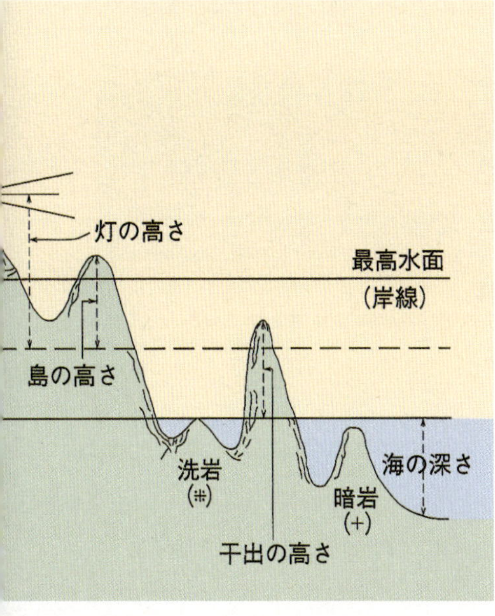

図 海図における水深と高さの基準

使用目的に応じて、最低水面、平均水面、最高水面の3つの基準が使い分けられている

出典：『水路図誌使用の手引』海上保安庁

海図には、海面上を通過する送電線や架橋までの高さも表示していますが、これは「**最高水面**」からの高さになっています。さらに、島や山、そして鉄塔などの高さは「**平均水面**」(高さの基準面)を基準としています。どれもメートル(m)単位で表示します。

海岸線は、陸図とほぼ同じで最大満潮時の水面を使用していますが、平均水面以下の岩礁(干出岩)ばかりか、最低水面以下の岩礁(洗岩、暗岩)も、それぞれの記号で表示します。

最低水面、最高水面、平均水面という3つの高さの基準面は、各地の潮位観測によっておもな海域ごとに決められています。このように海図における高さは、陸図よりもたいへん複雑ですが、それは海面の高さが変化するなかで航行する船舶の安全を考えると、当然なのです。

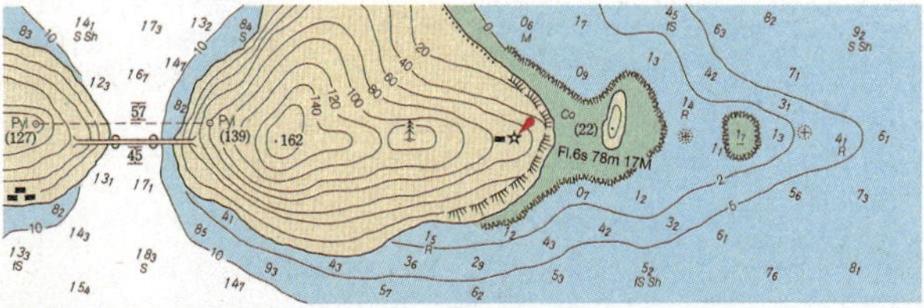

図 海図での高さの表現

海図には、水深や標高、構造物などの「高さ情報」が多く表示されているが、その利用には注意が必要だ

出典:『水路図誌使用の手引』海上保安庁

第3章

こんなことまで地図からわかる!

3-1 「地図を読む」ってなに？

ここまで紹介してきた地図は、どのような内容で構成されていると思いますか？　地図のなかには、学校や郵便局といった建物の種類を表す「**地図記号**」（地図の決まりでは「**建物記号**」といいます）や、高塔や記念碑といった地図記号（小物体の記号）があります。さらに、鉄道、河川、建物なども、決められた線の太さ、色、形などで示されていて、これらはすべて地図記号です。

加えて、文字注記が使用されています。その文字注記も、文章の形をとっていませんから、地図に記載された記号と一体になって意味をもちます。ということで、「地図は、地図記号と文字だけ」でできています。このように、ほぼ地図記号だけで構成される地図は、ただ眺めるだけだと、多くの内容を知ることはできません。

地図上に描かれた道路・鉄道・建物、植生（植物のようす）などは、どの地図を広げても、1つとして同じ表現がないはずです。こうした、おもに地表に存在する人工構造物や自然物を、地図の用語で「**地《ち》物《ぶつ》**」と呼びます。地図から多くを知るためには、あたかも複雑な柄をした織物のような紙上などの風景（表現）である地物を観察し、そこから地上のようすを推測するのが大事です。

さらに、正確に測量された各地点の位置、高さ、距離、面積、そして高低差などが集まって表現する「**地形**」も観察し、計測し、広がりや凹凸を知るのも重要です。もちろん、次のステップとして、地形や地物だけでなく地質や気候といった、そのほかの情報と関連づけて見る作業もしなくてはなりません。地図を見て、あたかも地図が話す言葉を聞くように、地上の風景を想像し、分析する作業を「**地図を読む**」といいます。

いまなら、国土地理院が公開している「**電子国土ポータル**」(http://portal.cyberjapan.jp/)、あるいはコンピュータに用意された電子地図とアプリケーションを使用すれば、任意の地点間の距離や面積の計測、そして経度・緯度も容易に計測できます。なかには公表された標高データを利用して、断面図や標高ごとに色区分した段彩図を作成するサイトもあって、地図を読む手助けをするツールはたくさん用意されています。

図 紙地図から面積を計測する

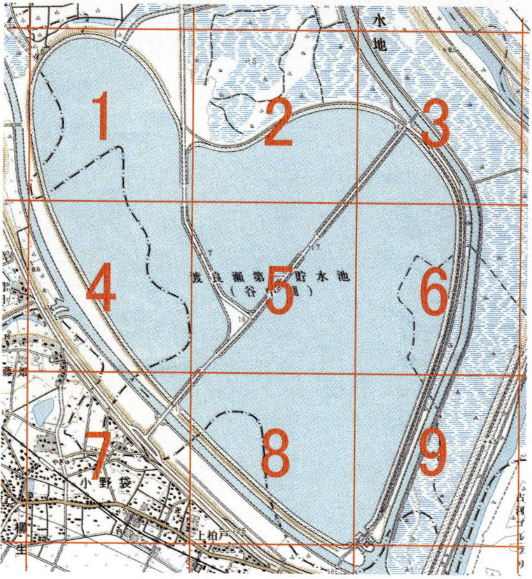

2万5千分の1の地形図上で、格子の1辺の長さを4cmにすると、実際の地上の1辺の長さは、4cm×25,000=100,000（cm）=1（km）となる。つまり、1つのマス目の面積は1×1で$1km^2$だ。この図の湖の面積をおおざっぱに計算するときは、真ん中の「格子全体が湖で占められているマスの数」(1個)に、「湖が一部だけ含まれた枡の数」(8個、面積を半分として計算する)を足して表せばいい。つまり、($1km^2$×1個)＋($0.5km^2$×8個)＝約$5.0km^2$ということだ

3-2 地図からなにを、どう読むのか

では、地図に表現された地物と地形から、地上の風景をどのようにして読むのでしょうか？　おもな実例をたどって、地上の風景と、そこに住む人々の暮らしを想像してみましょう。

1 砂州の風景

右ページの地図にあるのは、海に突きでた「砂州《さす》」と呼ばれる地形です。波や河川の浸食によって運ばれた砂れきが堆積して、細長く伸びる低い陸地をつくりだしています。

小さな半島状になった地形は、中央が盛り上がっているのですが、図上に「・5」のように数字が記入された「標高点」（地図作成時に図化機で測定した地点）①を見てもわかるように、標高は5mを超えていません。「高潮がきたらどうするのだろう？」「津波が襲ったらどうなるのだろう？」と心配したくなるほどです。

災害の心配はさておいて、この地の陸を形成する土質は、波が運んできた砂が主体ですから、半島には流水もなく、地下水にもめぐまれていないでしょう。さらに、風砂の影響もあるのでしょう。岬の先端にかけては、砂を防ぐための針葉樹の砂防林と思われる記号が見えます②。

従って、平地ではあっても水田としての利用には適さないばかりか、水を多く必要とする畑地としても活用できない土地です。ただし、図の中央部には大規模なビニールハウスなどを表す記号が多くあります③。図式では「建物類似の構築物」と呼ぶ、破線でふちどりされた建物です。つまり、水はけがよいと思われる土壌を利用した施設型の農業が行われていると思われます。

実際に、静岡県の三保の松原あたりから西にかけては、観光農園としても有名な「石垣イチゴ」などの果物や、花き栽培が盛んなことが知られています。

さあ、本当に、こうした地図読みのとおりでしょうか？　地図を広げてでかけてみるといいでしょう。

図　砂州の風景

三保の松原（静岡県静岡市）。2万5千分の1地形図「興津」

2 漁村の風景

87ページの地図を見てください。「伊吹島《いぶきじま》」は瀬戸内海に浮かぶ島で、香川県観音寺市の港から西へ約10km先にあります。「相島《あいのしま》」は九州の玄界灘に浮かぶ島で、福岡県新宮町の港から北西へ約7.5km先にあります。

上下に裏返したような形をした2つの島ですが、地図からはどのような類似点と相違点が読みとれるでしょうか？

伊吹島には北と南に2つの港があります①。そして、海岸線近くの平地は狭く、そこには漁業関係の倉庫らしい、大きな建物が見えるだけで②、一般住居はないようです。標高が70mから120mの台地上には③④、学校や郵便局などの公共施設や集落、そして、田や畑、果樹園や畑地も見えます。広葉樹といった植生記号を頼りに、少し色ぬりをすれば明らかになりますが、海岸から台地にかけての傾斜地を取り囲むように、樹林も見えます⑤。

一方、相島の北海岸は（浸食）崖が発達しています⑨。港はやや平地が広がる南海岸に1つだけ①、学校や郵便局などの公共施設や集落も南海岸の狭い平地にあります。標高40mから70mの台地は、まったく手がつけられていないのでしょうか、水田がある小さな沢を除き、荒地の記号だけがあって⑥⑧、ほとんど樹木が茂っているようすがありません。

台地上に散在する建物もいくらか見えて、島を周回するような道路など⑦から予想すると、建物は畜舎かもしれませんが（小さい畜舎は通常の建物で表現します）、牧場の記号はもちろん動物の表現もありませんから、それはわかりません。

崖のある地形や集落の広がりぐあいなどからは、相島には特定の方向からの冬の季節風（玄界灘の北西風）があり、伊吹島では、それほど特徴的な風が吹かないことがわかります。それなのに、伊吹島の海岸近くには、集落が発達していないのはどうしてでしょう？　海岸近くに平地が少ないのは、どちらの島も同じですから、生活を送るうえでの重要な決め手である、**水事情の違い**があるのかもしれません。

相島の南海岸近くには貯水池らしい池も見えて⑩、この池の

図 漁村の風景

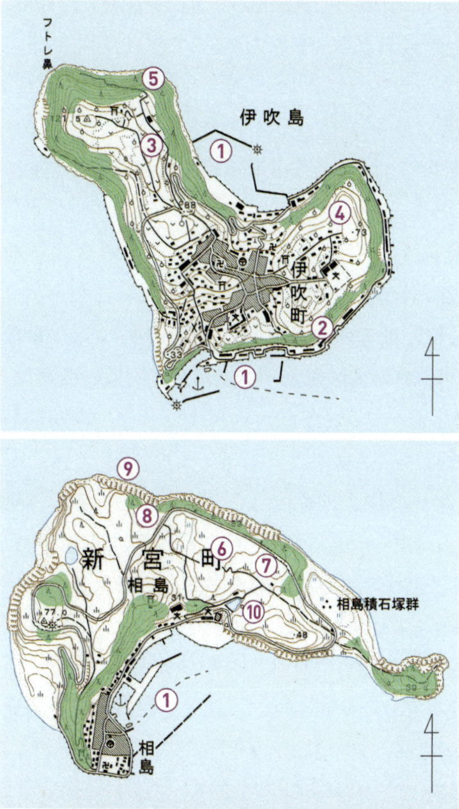

伊吹島（香川県観音寺市）。2万5千分の1地形図「伊吹島」（上）と、相島（福岡県新宮町）。2万5千分の1地形図「津屋崎」（下）

漁港：⚓
独立建物（小）：▪▪
荒地：ılı

水を飲料水にしているのでしょうか。一方の台地上に集落のある伊吹島では、飲料水はどうしているのでしょう。伊吹島全体を取り巻くように広がる傾斜地には、森林が多く見えて、地下水の存在が予想されますから、深井戸があって、そこから供給されているのかもしれません。

そして、瀬戸内海といっても、台風襲来による高波などの被害も考えられますから、耕作地と水と台風災害、この兼ね合いで台地上に集落が発達したのかもしれません。地図を広げただけで、これだけ多くのことを読みとり、予想できるのです。

3 旧街道の風景

91ページの地図は、山梨県大月市と甲州市の境にある「**笹子**《ささご》**峠**《とうげ》」です。

現在の国道20号線①と中央高速道路は、ここから東北へ約2km先にある長いトンネルで交差しながら通過しています。

現在の国道20号線が開通する以前は、地図中央にある1車線で表現された自動車道路が、国道20号線でした。国道の変遷は、古い地形図や資料を並べてみればわかるのでしょうが、今回は最新の地図だけから推察してみます。

地形図を作成している国土地理院とその前身である陸地測量部は、1883年以降、全国の国道(国道番号が2桁以下の旧1級国道)沿いに2km間隔で、正確な高さを求めた水準点を設置し、1913年に最初の全国測量を終了しています。

従って、**地図の上に連続的に水準点の記号があれば、そこはかつての国道**であり、昔の甲州街道も、おおよそこの付近を通過していたと予想できます。

くわしく地図を読んで、旧街道の道筋を探してみましょう。

「追分《おいわけ》」集落を南西方向に出た国道は、「⊡702.7m」(一等水準点No.20-108)のあるあたりから大きく右へ曲がります。この先には笹子トンネルがあって、峠の向こうまで車道が通じていますから、その反対側の左へ分岐する1車線の道②③が、旧国道を予想させます。

そののち、1車線の道は「新田沢」という名前の川を渡り、「新田」の集落に向かいますが、その先の道は、ループ状に大きくカーブして傾斜地を上ります④。大きな曲率のカーブは、緩やかな傾斜をつくるための工夫で、自動車用につくられた形状ですから、この道は旧街道の道筋ではないでしょう。

「新田沢(川)」を渡ったすぐに先に、川に沿って上る徒歩道があります⑤。地図の決まりである「**図式**」では、幅員1.5m未満の道を「**徒歩道**」と定義しています。かなりの急傾斜ですが、ここが旧街道の道筋と予想されます。

徒歩道は、しばらく上ると、ふたたび車道につながり「新田沢(川)」を渡ると、車道はすぐにヘアピンカーブになりますが、その先には、ふたたび川と平行に上る徒歩道が見えて⑥、こちらが旧街道の道筋でしょう。

旧街道である証明は、徒歩道をやや上ったところにある、「⊡899.8m」(一等水準点No.99)です⑦。歩道脇に記入された水準点記号が、明治、大正期の国道を示しています。地図の上からだけでは、くわしい内容はわかりませんが、徒歩道脇には記念碑の記号⑧もあります。そして、現地には、いわれが書かれた看板がありそうな「矢立の杉」の文字注記も見えます⑨。

旧街道の道は、再々度、車道につながります。さらに先は、どのようにつながるのでしょう。自動車道を右へ少し下ったところに徒歩道がありますが、ここへ入ってはいけません。徒歩道をよく読むと、送電線の記号にからむようにして上っています⑩。送電線の管理用の道路だと予想され、踏み跡はわずかでしょう。車道の開削で旧街道が途切れてしまったと推測して、しばらくの間は車道を進むといいでしょう。

その車道は、笹子峠をトンネルで通過していますが⑪、その脇には峠をのぼる昔の踏み跡が短く残っているかもしれません。笹子峠の向こう側に下りる道は地図にありますから⑫、期待できます。

生真面目な測量者は、昔の峠道が存在したとしても、「ごく短い徒歩道は、地図に記載しない決まりになっている」といって、表現しなかったのかもしれません。笹子峠の向こう側に続く旧街道も、このような地図読みでたどってみると楽しいものです。

もちろん、地図読みをもとに現地を訪ねると、もっと大きな楽しさがあるはずです。実際に現地を訪れると、一等水準点No.99近くの記念碑は、明治天皇が笹子峠道を訪れて休憩したのを記念したものでした。また、地図には記入されていませんが、矢立の杉から、笹子トンネル南入口の右手を抜けて峠に上り、さらに峠を下った先にも旧街道の道が残されています。

旧街道をたどるのって
なんだかワクワクしますね！

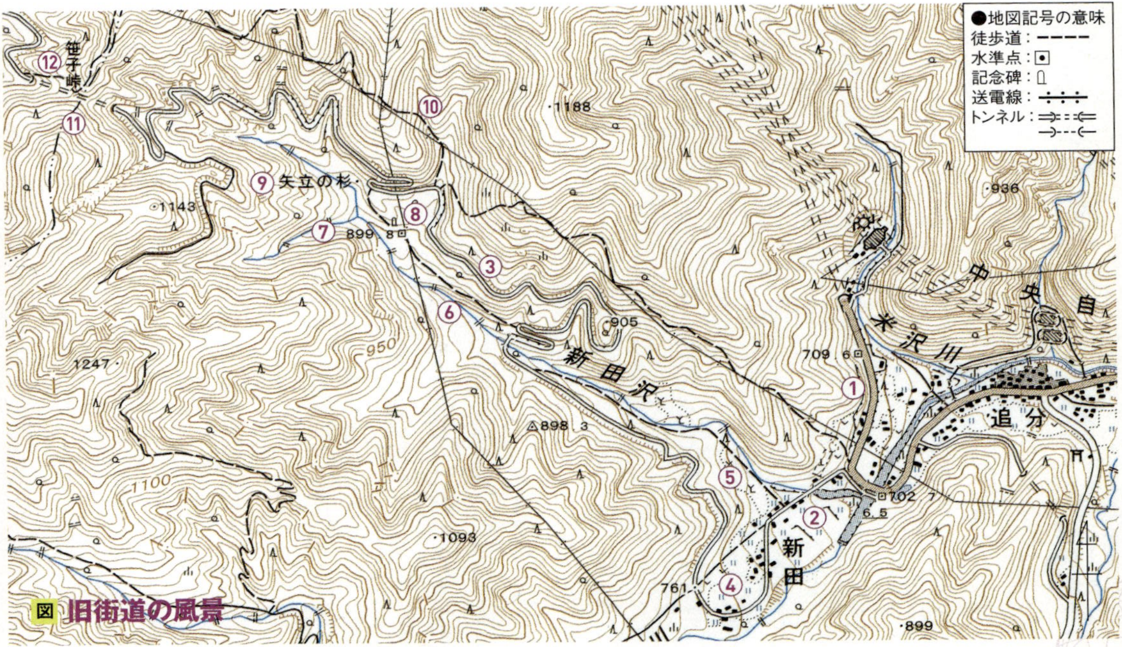

笹子峠(山梨県大月市笹子峠)。2万5千分の1地形図「笹子」

3-3 地図から読みとれないものとは?

地図から地上のすべてが見えるのでしょうか、読めないものはないのでしょうか。真実を反映しきっているのでしょうか。

当然ですが、地上にあって地図から読めないものは、小さくて表現しなかった人工構造物と自然物(地物)、そして重要でないとして表現しなかったものです。

一方で、三角点や水準点などの、現地では小さなものでも、重要なものなら表現されます。それに対して、大きな構造物であっても博覧会施設などの仮設物や、たくさんあっても基礎のしっかりしていないビニールハウスなども仮設として表現されません。

地下鉄、地下水路、あるいは田や畑といった植生の界(植生界と呼びます)などのように、**地図に破線や点線で表現されているもの**は、不確かなもの、地図表現が苦手なものと意識しておくといいでしょう。地図作成者は、道路トンネルや地下鉄などの地下構造物について、みずからの手で測量しません。収集した工事図面などを参考にして地図に表現しています。また、植生の界は、現地でもあいまいなものです。

道路は徒歩道以外、原則としてすべて地図に表示しますが、徒歩道はすべて表示するわけではありません。規則上は「交通がひんぱんであり、登山・ハイキングなどに使われる主要な交通路」でなければなりません。「維持、管理されているか」などの継続性も重要視されます。地図に記載するかどうかの判断は、おおむね測量者にまかされます。

その徒歩道ですが、十分に道幅がないので、森林の下などでは、詳細な経路が空中写真上にしっかりと写りません。従って、表現内容も現地調査が決め手になります。GPS測量機などが簡単に、有効に使える現在ならともかく、これまでの徒歩道の表記は、あまり精度の高いものではありませんでした。地図の縮尺にもよりますが、「登山道（の細かな経路）は正しくない」ともいえます。少なくともこれまでは、「徒歩道も正確に表現してほしい」という利用者の要求に、地図のつくり手は「やや難しい」と答えてきました。

海岸線は岩場まで行って調査する！

同じように、地図のつくり手が苦手にしてきた表現をいくつか紹介しましょう。

地図から立体を読む重要な決め手になる標高点や等高線ですが、

図 干潟の風景

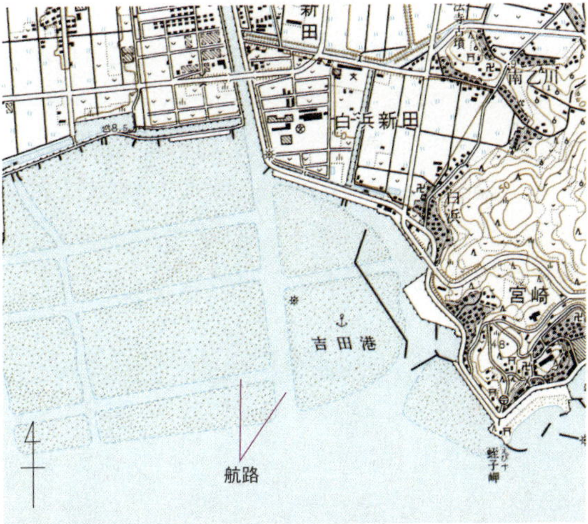

干潟内には、アサリや海苔などの養殖作業船が行きかう航路が縦横に確保されているよう見える。だが、海面の表現は、おおむね空中写真の図化だけですませているから、詳細はどうだろうか？　場所は「吉田港」（愛知県吉良町）。2万5千分の1地形図「豊橋」

地表面のほとんどは建造物や植物におおわれていますから、正確な地上の高さを測定するのは簡単ではありません。少なくとも、従来はそうでした。

等高線などの描画には、職人技が発揮されて、できあがった地図は、その苦労を感じさせないすばらしい内容のものがありますが、それでも、苦手なことに違いはありません。ただし、216ページの航空機レーザスキャナなどの最新技術を使えば、樹木の下も丸見えとなります。

それから、海岸線は、満潮時の状態を表示する決まりになっていますが、空中写真は、満潮時に撮影するとはかぎりません。従って、干満の差が大きい地域では、**干満時刻と関係なく撮られた空中写真をもとに、現地で調査・測量して地図化**します。

調査は、岩場の貝のつきぐあい、水際植物の生育状況など、あらゆるものを手がかりとして、満潮時の海岸線と思われる地点を推察しますが、正しい満潮時の海岸線を調べるのはかなり困難です。平水位で表す決まりになっている、大きな河川の水涯線（水際線）も同じです。

以上のように、縮尺によっては地図から読めない情報や、作成方法によって地図が苦手とする地物や地形もありますが、まったくのウソはありません。地図は、地図縮尺に応じた正確さをもっています。

ですから、地図を読むには、地図の縮尺に応じた眼をもつことが大切です。いわゆる「2万5千分の1（地形図）の眼」です。地上にあるすべてを地図に要求するのではなく、2万5千分の1に縮尺化した地上の風景と、表現された地図とを対比する感覚が大事です。これができれば、紙上や画面に直接表現されていないなにかを、たくさん感じられるようになるでしょう。

3-4 平面の地図から立体を読む

平面の中に立体を読む

一般の地図は、立体表現が苦手です。しかし、地上の風景に平面はありませんから、そこをなんとかして表現しなければなりません。

96ページの地図を見てください。上の河津ループ橋の（紙）地図では、ループ橋になった国道（茶色網点の道路）①とその下にある一般道②の立体になった風景を、なんとなく読みとれると思います。2つの記号の間に、狭い白ぬき部分があって③、道路構造物などの立体を読みとる手助けをしています。

地図のつくり手は、この小さなすきまを「**微量の白部**」と呼んで、大切にしてきました。

しかし、地図閲覧サービス「ウォッちず」（http://watchizu.gsi.go.jp/）で見た、96ページ下の新大阪駅周辺の地図ではどうでしょうか。東西に伸びる新幹線④、南北に伸びる鉄道線（地下鉄御堂橋線）⑤、そして一般道路⑥の上下関係を、うまく読むことができません。

地図のつくり手は、立体交差になった現地を矛盾なく表現しようと努力してはいるのでしょうが、一部の理解者だけが読みとれる程度の状態かもしれません。紙地図の微量の白部のような技を、デジタルの地図で表現するのはめんどうなのです。

その代わり、3次元地図が道路構造物や建物などを立体表現し、さらに現地画像で構成されるGoogleの「**ストリートビュー**」なども登場しています。こうなると、マップという名前で呼ばれたとしても横から見た映像に近いでしょう。いずれにしても、地図の読み手は平面の中から立体を読まなくては、先に進めません。

図 平面の中に立体を読む

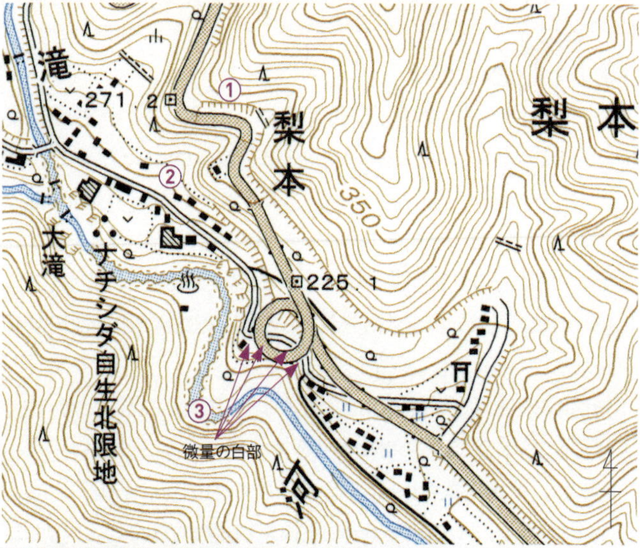

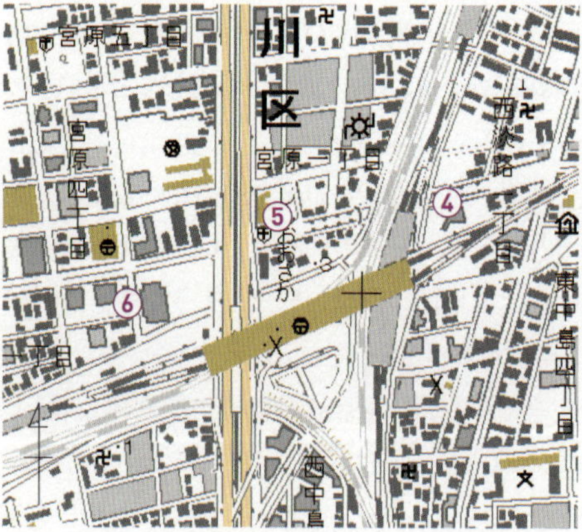

河津ループ橋（上図）のほうが、立体が読みやすい。河津ループ橋（静岡県河津町）。2万5千分の1地形図「湯ケ野」（上）と、地図閲覧サービス「ウォッちず」で表示した新大阪駅。2万5千分の1地形図「大阪西北部」（下）

等高線から立体を読む

地図には、道路構造物などの立体のほかに、もう1つの立体が表現されています。地球の凹凸、「**地形**」です。地形の表現方法には、第2章の「どのような地図があるか」(69ページ参照) で紹介したように、**ぼかし**、**ケバ**、そして高さごとに色分けする**段彩**がありますが、いま多くの地図は、「等高線」で表現しています。等高線とは、文字どおり「**等しい高さの地点を結んだ線**」ですから、水面が10m上昇したとき、20m上昇したとき……の水際線を表現しています。

となると、島国日本の2万5千分の1地形図上における、最長の等高線は、いちばん標高の低い「**10m等高線**」です(等高線間隔は10mで、原則0mの等高線は表現しないから)。10m等高線は、日本列島の背骨にあたる山地である「背稜山脈」が、それ以下にならないかぎり、本州の端から端まで、どこまでも1つの輪になっているはずです。

そして、富士山頂には、日本にたった1つしかない、3770mの等高線があるはずです。98ページの図から考えると当然でしょう。

ところが、日本に1つしかない等高線が、もう1つあります。海面からもっとも高いところがあれば、海面からもっとも低いところもあるからです。八戸市には、国内有数の露天掘り石灰鉱山、住金鉱業の「八戸石灰鉱山」(八戸キャニオン) があって、掘られた深さは現在、海面下135mに達しているといいます。

八戸石灰鉱山のある、日本でいちばん低い場所の地図には、大きな凹地があって、そこにはマイナス130mの凹地の等高線があるはずです。3770mとマイナス130mの等高線は、本当に地図の上で輪になっているのでしょうか？　地図で見てみましょう。

富士山頂と日本最低所の地図をくわしく見ればわかるように、本当のところ、**等高線は1つの輪ゴム状になっていません**。それどころか、日本最低所では、**等高線が表現されていないに等しい状態**です(日々変化するからでしょうか、特徴的な地点の高さを示す標高点もありません)①。ゴム輪状になっていない理由は、いずれの現地にも急激な岩のがけ②や土のがけ③、そして大きな岩④などが、いたるところに存在しているからです。等高線をすべて表現すると、同じ色で表現されるこれらの記号と重複して識別が困難になるので、**がけなどと重複する等高線は表現しない決まり**になっています。

地図上で等高線を追いかけると、がけなどの記号が現れた場所では、線が途切れています。さらに、あまりにも急傾斜(2万5千分の1地形図なら約50度以上)の場所では、すべての等高線を書ききれないために、省略されることさえあります。

もしも地図をもとに、正確な立体模型や段彩図をつくろうとしたら、そうした不明部分を補って、等高線を1つの輪にしなければならず、この作業は一般利用者にとって難しくなります。

一方、デジタル地図(正確にはデジタル地図データ)では、こうした間断や省略は存在しません。デジタル地図データには、あくまでも輪になったままの等高線データが格納されているはずです。そうで

図 等高線とはなにか?

等高線は、10m、20m……と海面が上昇したときの水際線といったものだ

図 日本最高所の富士山頂

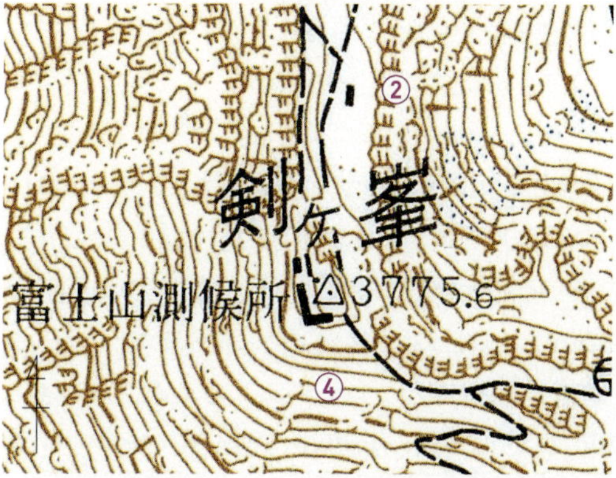

がけや岩の表現が優先して、3770mの等高線は読めない。富士山頂（山梨県・静岡県）。2万5千分の1地形図「富士山」

図 日本最低所の八戸キャニオン

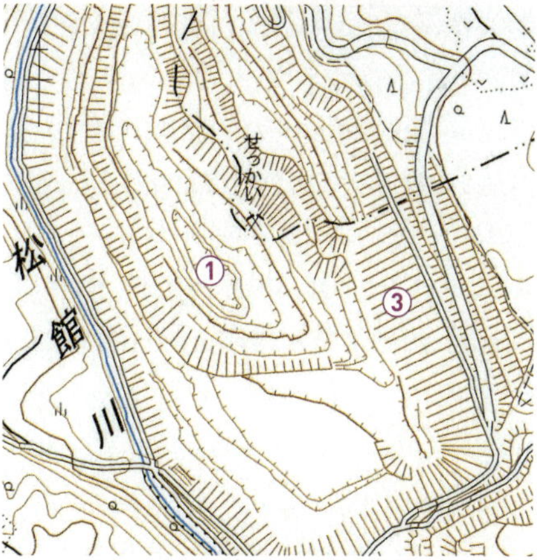

こちらは、等高線どころか、最低標高も読めない。八戸キャニオン（青森県八戸市）。2万5千分の1地形図「新井田」

なければ、「標高200m以下を緑色に着色して表示する」などの自動処理ができないからです。次は等高線と、等高線が表現する地形に注目しながら地図を読んでみます。

山村の風景

等高線を読むために、山村の地図を広げてみましょう。1つは、徳島県を東西に流れる吉野川の中流にある三好市池田町の山村、もう1つは広島県三次市の山村です。いずれも、最大標高500m弱の土地に集落が散在し、周囲には田畑も広がっています。この2つの山村集落は大差なく思えますが、もう少しくわしく見てみます。

徳島県の池田町では、吉野川の岸辺にある124.0mの水準点①から、左下の469mの標高点②までの高低差は約345mです。三次市では図の左下を流れる河川付近の等高線が320m③、明神山の三角点が548.8m④で、高低差は約230mです。全体の高低差からは、あまり違いを感じられませんが、同じ幅に含まれる等高線の混みぐあいや、集落をつなぐ道の折れ線⑤を見れば、2つの地区の間に大きな傾斜の差があることがわかるでしょう。

それは、第1級の断層である中央構造線がつくりだした急峻な四国山地の地形と、浸食が進んだ高原状の地形（吉備高原）との違いを表しています。また、同じような山村であっても、緩やかな高原状の三次市では、池が多く見られます。瀬戸内海気候による少雨を補うための灌漑用のため池でしょう⑥。浸食が進んだ丘陵地には、水田と集落がまんべんなく広がっているようです。

一方で、池田町で水田の記号があるのは、一部の沢にかぎられています⑦。そこは、わき水などが確保できるのでしょうか、水田が山頂近くまで伸びています。集落も、ほかの地域では利用されにくいような、わずかな緩傾斜地にまで広がっています。

図 急傾斜地の山村風景

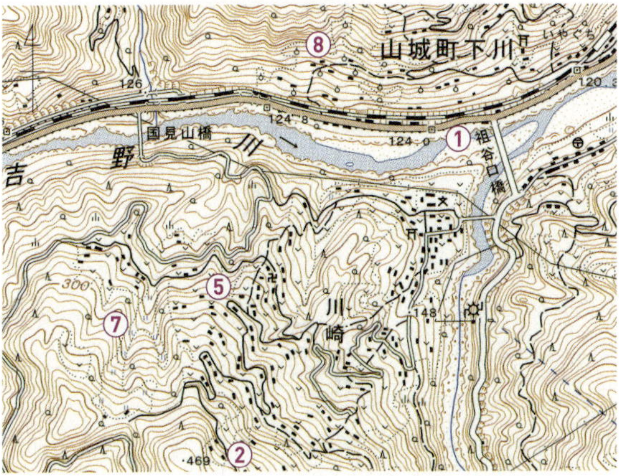

つづら折りになった道を上った山頂部付近まで集落が発達している。吉野川流域（徳島県三好市池田町）。2万5千分の1地形図「阿波川口」

水田：॥

図 丘陵地の山村風景

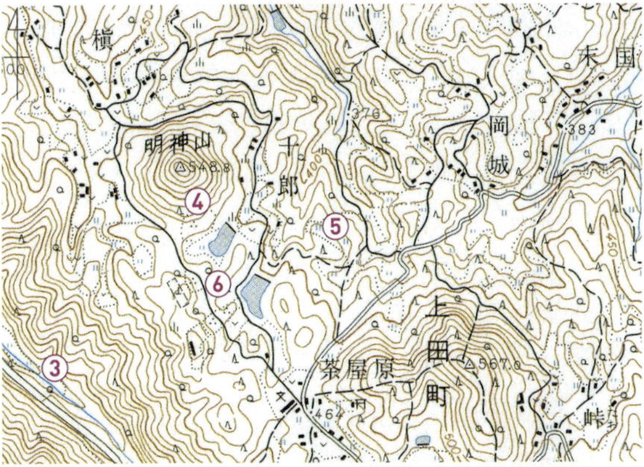

等高線が疎になった緩傾斜地に、ため池を備えた集落が広がる。吉備高原（広島県三次市）。2万5千分の1地形図「吉舎」

三角点：△

吉野川の北に広がる果樹園⑧は、みかん畑でしょうか。山の頂からは、四方に山々が広がるすばらしい展望が期待できそうです。

砂丘の風景

右図は、秋田県潟上市の日本海に面した地域です。

全体を概観すると、等高線が海岸と平行に（西北から東南へ）斜めに細長く並んでいるのが読みとれるでしょう。

等高線に標高の数値を入れ、さらに海岸線と直角方向の断面図を描いてみるとわかりますが、海岸線から国道を経て、樹木に囲まれた旧来の集落までは、大きく3本の筋状の高まり①と、現在は水田の低地②が交互に伸びています。

海岸線に近い高まりに、凹地③も見えます。特徴的に凹地が見られる地形には、石灰岩が浸食してできる「カルスト」と、海流や風がつくる「砂丘」がありますが、ここは風や波によって運ばれた砂が堆積してできた砂丘です。

等高線だけでなく、水田④や畑⑤、集落⑥、道路⑦なども細長く並んでいて、地形や水事情に適した土地利用が行われています。

大きな建設機材を手に入れられなかった先人は、低湿地には水田を、高まりには屋敷森のある住居や畑を配置するなどして、風水害から耕地と集落を守ってきました。自然や地形にさからわないように土地を開発・利用して、現代に受け継いできたことを示しています。

土地の高低差を
じょうずに利用して
暮らしていることが
わかりますね

図 砂丘の風景

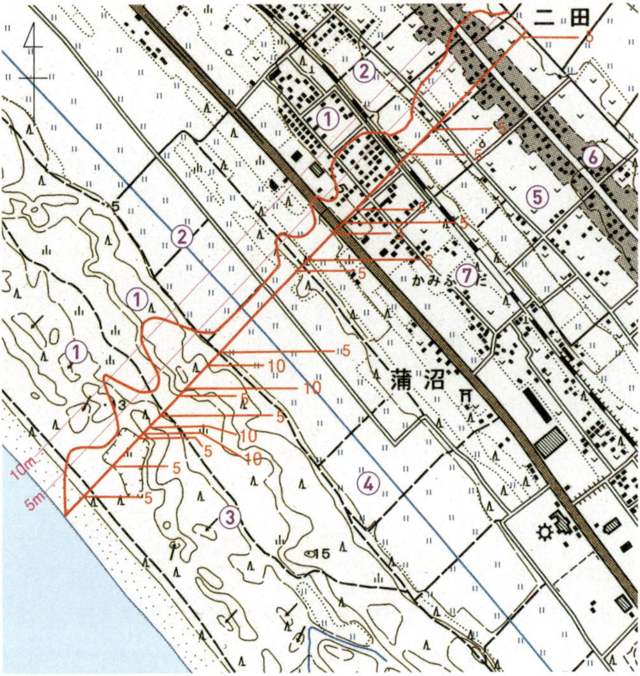

ていねいに断面図を書いてみると、大きく3つの砂丘が読みとれるだろう。天王砂丘（秋田県潟上市）。2万5千分の1地形図「船越」

水田：॥
畑：∨
樹木に囲まれた居住地：

カルデラの風景

次は、北海道、渡島半島のなかほどにある森町の濁川地区の地図です。等高線を読んで、全体の風景が浮かびましたか？　ここは、周囲を山に囲まれたなかに平地が広がる「**盆地**」です。規模は小さいですが、会津盆地、甲府盆地、京都盆地などと同じです。

西北から東南方向に断面図を描いてみました。地図の等高線でわかるように、緩やかな盆地内の四方すべてが、山に囲まれていますから、どの方向の断面図を描いても大きな差はないはずです。

それでも、緩やかになった盆地の底の等高線を注意深く読むと、盆地の底にあたる平地は、西南から東北に向かって傾斜しているのがわかります。盆地の水を集めた「濁川《にごりがわ》」は、北東方向に流れて海（噴火湾）に注いでいます。

また、盆地内をよく見ると「濁川温泉」の文字とともに温泉記号がいくつか表示されていて①、地図の北には地熱発電所もありますから②、地質学的には、火山によってできた凹地、「**カルデラ**」に区分される地形です。

古い地形図を参照すると明らかになりますが、濁川カルデラには、かなり以前から水田があり、現在の地図ではビニールハウスの記号もあって③、余熱などを利用した水田耕作や野菜栽培が行われていると予想されます。

火山がつくった盆地だから、
地熱発電所や温泉があるんです

図 カルデラの風景

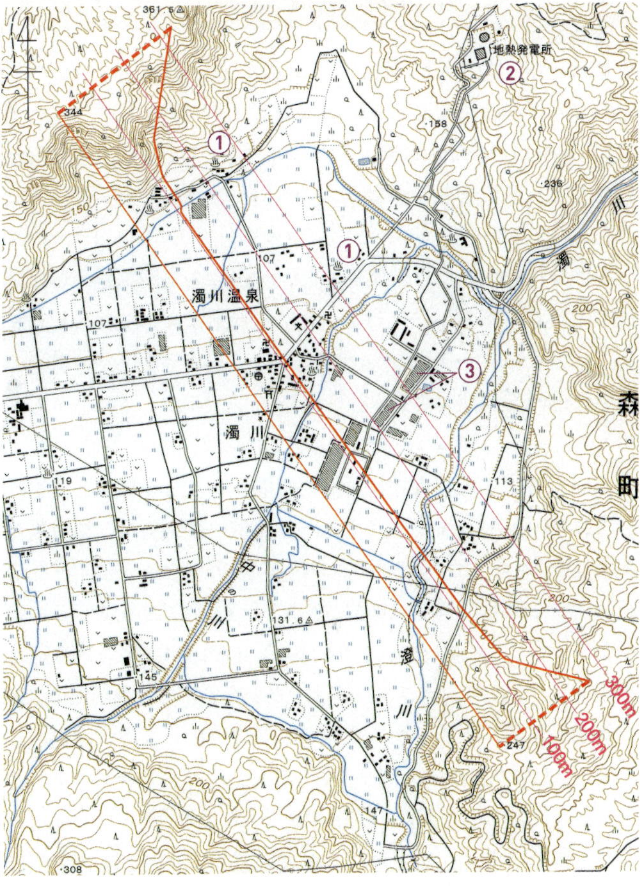

盆地のなかには、温泉記号や地熱発電所も見えて、カルデラであることがわかる。濁川カルデラ（北海道森町）。2万5千分の1地形図「濁川」

温泉：♨
建物類似の構築物：

3-5 等高線が読めるとなにがわかる？

次は、さらに内容を複雑にして地図を読んでみましょう。

右の地図は、山梨県甲府市の西を流れる「釜無川《かまなしがわ》」と、その支流「御勅使川《みだいがわ》」の合流部周辺です。南アルプスを水源として西から東へと流れる御勅使川は、北から南へ流れる釜無川に、ほぼ直角に注いでいます。

地図全体を大きな目で眺めると、西（左）の塩前集落から南北（縦）に流れる釜無川に向けて、集落や耕地が大きな三角形になって広がっているのがわかるでしょう。そのようすは、等高線の小さな凹凸を省略するようにして着色してみると、はっきりします。

塩前集落より西の御勅使川沿いの混み合った等高線とは比べものにならないくらい緩やかになった扇型の傾斜地は、塩前集落あたりを“手首”とすると、“手のひら”を広げたような丸みを帯びた断面を保ちながら、次第に標高を低くして広がっているのがわかります。これは、長い年月の間に、**御勅使川がなんども流路を変えながら土や砂れきを堆積させた結果、できた地形**です。

御勅使川は、上流で両側を山体に挟まれて、流路が固定されてきましたが、塩前集落付近の谷口に到着して開放されます。このさまは、急に手を離した水道のホースのようになって、洪水のたびに流路を変え、山地部で掘削、運搬してきた土砂を下流に堆積させます。

こうした地形は「**扇状地**《せんじょうち》」と呼ばれ、「御勅使川扇状地」は、「富山県黒部川扇状地」「岩手県胆沢川扇状地」と並ぶ、「**日本三大扇状地**」として知られています。

図 御勅使川扇状地

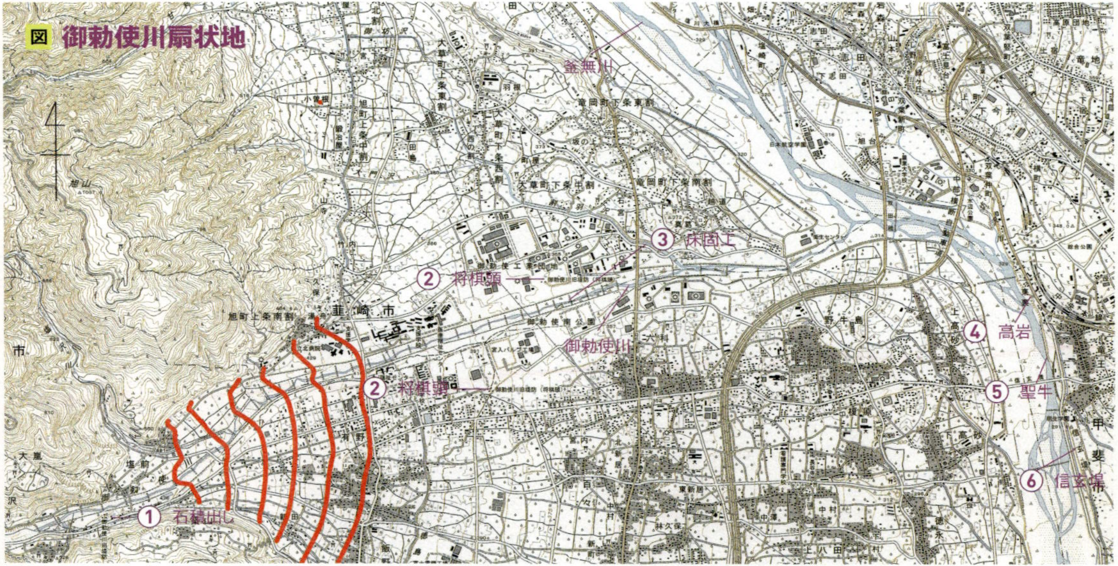

武田信玄の自然と調和した土木事業によって、御勅使川の氾濫から多くの農地が守られた。その土木遺構は、現在も随所に残る。御勅使川扇状地（山梨県韮崎市・南アルプス市）。2万5千分の1地形図「韮崎」「小笠原」

史跡・名勝・天然記念物：
土堤《どてい》：　堰《せき》（床固工など）：

御勅使川が流路を変えた痕跡は、細かな等高線などを注意深く読むと発見できます。大きな開発が進む以前の「**旧版地図**」を使って、小さく連続する谷（水色）や、土手の高まり（茶色）をつないでみると、あたかも指を広げたような筋が数本見えて、それは旧河川跡を表現していると思われます。

事実、専門家の現地調査の結果からは、もっとも北に位置する現在の本流路のほか、北から順に、前御勅使川、御勅使川南流路、下今井流路、十日市場流路と、5本の旧河道痕跡が発見されています。

昔の偉大な治水工事も地図から読みとれる

御勅使川扇状地では、もう1つ特徴的なことがあります。御勅使川上流には、マグマが冷え固まってできた火成岩や温泉の影響を受けたもろい地層があって、岩石の風化と流出が多くありました。その結果、河川の浸食などを受けた土砂が扇状地を流れて下っては水害を起こし、周辺農地などに被害をもたらしてきたのでした。

当地を治めていた武田信玄（1521～1573年）は、この状態を打

図 旧版地図で読む御勅使川扇状地

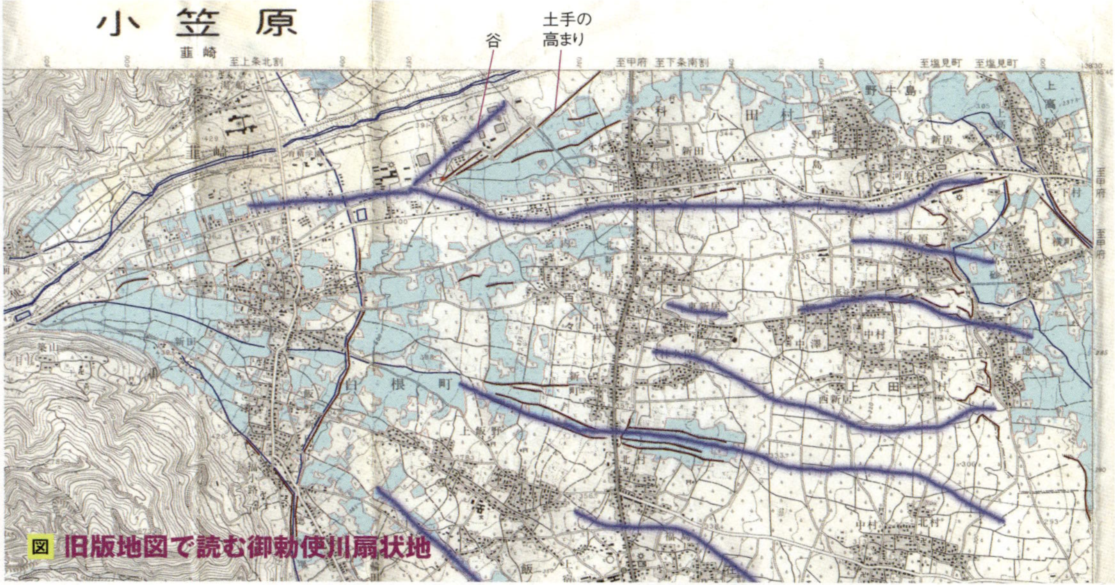

大規模な開発が行われる以前の旧版地図を注意深く読むと、御勅使川扇状地の原型が見えてくる。御勅使川扇状地の旧版地図に加筆。1971年改測、2万5千分の1地形図「小笠原」

開するため、御勅使川と釜無川の合流地域での河川事業を実施します。御勅使川を「石積出し《いしつみだ》」(107ページ図の左端)という名の石積みの堤防①で、流路が南方向へ振れないように固定し、その水流を「将棋頭《しょうぎがしら》」②と呼ぶ将棋の駒のような形をした堅固な堤に当てて分流させ、洪水時の水流を弱めたのです。

その水流の一方を、釜無川沿いの自然の岩壁である「高岩《たかいわ》」④方向へ流します。高岩に当たった乱流を「聖牛《せいぎゅう》」⑤と呼ばれる木組みで整え、そののちは、堅固な「信玄堤《しんげんつつみ》」⑥が、下流へと導きます。

石積出しや信玄堤などには、「霞堤《かすみてい》」と呼ばれる形式を取り入れています。霞堤は、現在のような連続する堤ではなく、適当な場所に切れ目を入れた断続的な堤防です。洪水時には、切れ目から一部の水流を逆流させ、堤の周辺に用意された遊水区域に水を取り込みます。水位が下がれば、その切れ目から排水させます。さらに、平時の耕作地などに降った雨水も、容易にここから排水されます。こうした堤は、洪水時の負荷が少なく、決壊の危険性も少なくなります。

地図が少しだけ読めれば、武田信玄らの行った治水工事のすばらしさを垣間見ることができるでしょう。そして、地図をもって現地を訪問すれば、さらに大きな収穫が期待できます。現在の御勅使川は、堤防でしっかりと流路が固定されて直線的に流下し、釜無川と合流しています。その間には、巨大なコンクリートでできた「床固工《とこがためこう》」③と呼ばれる構造物が、これでもかと思うほど並び、河川とその周辺は遊水機能をもたせる余裕もないほど開発され、可住地などからの内水処理も強制的になっています。

このようなコンクリートの連なりを見るにつけ、自然と調和した武田信玄の治水事業の偉大さをさらに感じるはずです。

写真　御勅使川に築かれた将棋頭

「将棋頭」と呼ばれる、堅固につくられた堤防の先端に洪水をあてて、流れを二分し、水の勢いを弱めた

写真　釜無川の信玄堤

いまでは、木々に囲まれてやさしい雰囲気さえ漂う信玄堤。堅固に築き、かつ、堤の随所に切れ目を入れて断続的にすることで、遊水機能を発揮させて洪水を防いだ

写真 御勅使川の床固工

現在の御勅使川は、信玄堤と対照的に、コンクリート製の床固工と左右の堤防で、流路がしっかりと固定されている

撮影：土屋 淳

写真 釜無川の聖牛

当時はこのような形をした「聖牛」と呼ばれる木枠で、釜無川の流れを整えた

第4章

地球は どうやって測る？

4-1 地球の大きさと形を知る

前章のように地図が読めれば、いながらにして、世界中の多様な情報を得られるでしょう。この章ではそうした地図が、いつから、どのようにしてつくられてきたのかを紹介します。

前述したエラトステネスやプトレマイオスだけではなく、われわれも地図の表現対象である地球を地球儀で表現し、あるいは紙の上に記録するには、なんといっても「**地球をよく知る**」ことが大事です。そのために必要な項目を整理してみます。

❶ 私たちの住む地球が、**どのような形をし、どれほどの大きさなのか**がわからなければなりません。平板なのか、球体なのか、球体だとしたら真ん丸なのか楕円なのか、その大きさは具体的にどれほどなのか、などです。

❷ 地球が、そして日本が球体上にあるとして、大陸や島が球体の**どこに、どれだけの大きさで存在しているのか**を知る必要があります。「どこに？」を整理するためには、平面上の位置を表現する「XY座標」に代わる、球体上の位置表現が必要になります。それが「経度」と「緯度」です。

❸ 以上がわかれば、地球儀に表現するのは容易でしょう。そのあとは、数学の力を借りて平面の地図にも表現できるはずです。

先人たちは、地球を知り、地球を測ることからはじめた地図づくりのために、どのような技術を使ったのでしょうか？　現在の技術では、どのように行っているのでしょう。地図作成のこれまでをたどってみます。

1 地球の大きさを知るには？

紀元前3世紀、エジプトの学者エラトステネスが、夏至の日に井戸に映る太陽からヒントを得て、地球の大きさを測った話は、すでに紹介しましたが、そこには、そもそも「**地球は丸いのではないか？**」という仮説が不可欠です。

どうして「地球は丸い」と思うようになったのでしょう？　現在なら、人工衛星や高い場所を飛ぶ航空機から撮影された写真を見れば、ひと目でわかります。

そのような手段をもたなかった時代でも、以下のようなことから、地球は丸いのではないかと考えたのです。

❶ 港に出入りする船が、マストの先から順に姿を現し、船底から先に見えなくなるようすから
❷ 月食のときに映しだされる地球の影から
❸ 北へ進んでいくと、北極星の位置が次第に高くなるようすなどから

夏休みのひととき、港にたたずんで、出入りする大きな船に目をこらし、あるいは望遠レンズつきカメラのシャッターを押して、「地球が丸い」のを確かめるのも楽しいでしょう。

夏休みの旅行ででかけた夜の草原に寝そべって星の地図をつくり、自宅周辺でつくった星の地図と比べて、同じ星がどれほど異なる位置にあるかを知るのもいいでしょう。ほかにも、「地球が丸い」を体験できる方法はたくさんあるはずです。

もちろん「バビロニアの世界図」に表現されたように、世界が平板状だったら、大海原に向かった船は一気に視界から消えてしまいますが、現実にはそうはならないから安心です。

経度や緯度ってなに？

エラトステネスからのちは、「**同一子午線**」(経度が同じで、緯度が異なる)上の2地点で、緯度を天文測量で測り、その間の距離を測量して、地球の大きさを求めました。ここで、経度と緯度、そして子午線と緯線について、整理しましょう。

経度と緯度は、球体である地球上の位置を管理するための手段です。紙風船や地球儀にある舟形のつなぎ目、スイカのしま模様のように引かれた縦の線が経度目盛り(子午線)となります。また1本ずつ輪にしてつくる「1本がけのちょうちん」の骨のような横の線が緯度目盛り(緯線)です。もちろん、現実の地球にそうした目盛線はありませんが、縦と横の目盛りで地球上の位置を表しているのです。

経度は、**イギリスの**(旧)**グリニッジ天文台を通る子午線を0度**として、東西を180度ずつに分け、東回りを東経、西回りを西経として数えます。経度のはじまり、0度の子午線を、特に「本初子午線」と呼びます。子午線は、東経130度の子午線、東経131度の子午線……というように無数に考えられます。

緯度のはじまりは赤道で、これを緯度0度とし、南北を90度ずつに分け、北を北緯、南を南緯として数えます。

子午線と同じように、緯度0度の赤道に平行な、北や南に向かうと次第に小さくなる天使の頭にある輪のような緯線の環(平行圏)も、北緯10度の緯線、北緯11度の緯線……のように無数に考えられます。

ちなみに、同一経度の地点を結んだ「子午線」という呼び名はなにが由来か知っていますか？　これは、古くは方位を十二支で呼んでいて、「子(方角で北)」と「午(方角で南)」を結ぶ線から命名されたのでした。

図 スイカ模様の「一本がけのちょうちん」

地球と経緯度の関係

緯度と経度を知るには?

地球の大きさを求めるための緯度を知る天文測量ですが、簡単には**北極星**を使って行われます。北極星が使われる理由は、この星が**時間にかかわらず、常にほぼ真北に位置しているから**です。次ページの図のように、任意の場所で水平線から北極星までの角度を測れば、そのまま緯度がわかるからです。

同一子午線上の2地点の距離を正確に知るためには、三角測量(133ページ参照)が用いられました。測量によって、地球上の2地点の位置が明らかになれば、その間の子午線上の距離は、計算で求められます。三角測量を最初に行ったのは、オランダのスネリウス(1580～1626年)でした。

では、任意地点の経度は、どのようにして知るのでしょうか?　経度は、旧グリニッジ天文台を通過する子午線から地球ひと回りで、360度と定義します。一方で、自転している地球がひと回りすると1日、すなわち24時間です。となると、360度＝

図 北極星観測による緯度の求め方

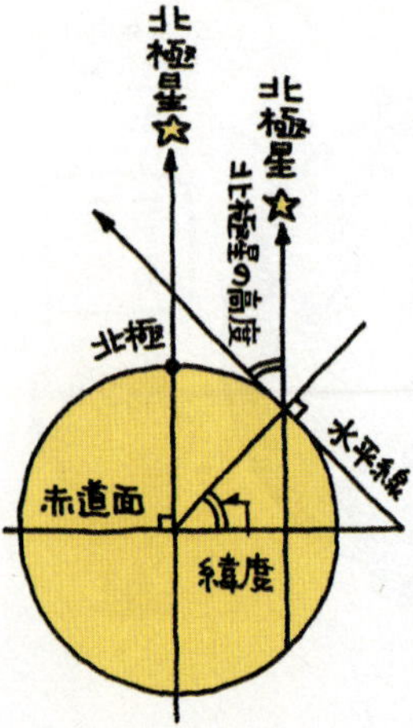
北極星
北極星
北極星の高度
北極
水平線
赤道面
緯度

北極星
高度

水平線と北極星がつくる角度がわかれば、それが観測地点の緯度になる。北極星の高度＝緯度だ

船が移動すると
北極星の見かけの
高さが変わるので、
海面と北極星
とがつくる角度を
測れば緯度が
わかります
SOS
北極星は
赤道では
海面すれすれに
北極点では
真上に見える
わけですね

図 経度と時間

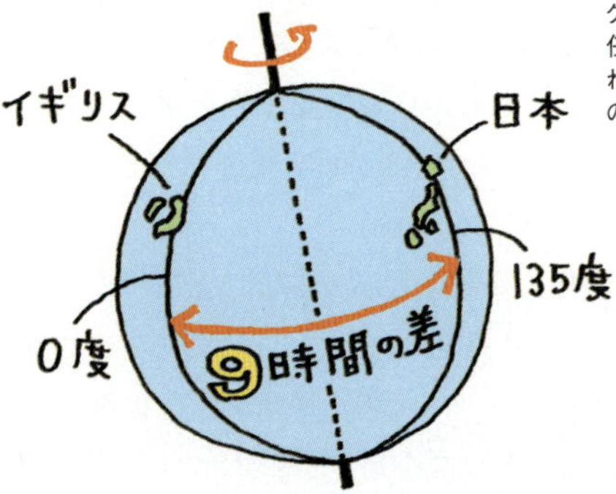

グリニッジで合わせた時計で、任意地点の南中時の時間を知れば、この時間差から、両地点の経度差がわかる

24時間ですから、15度が1時間になります。

グリニッジで正確に合わせた時計は、同地で太陽が真南にきた（南中）ときに12時を指しますが、この「**グリニッジ時**」を示す時計をもって、任意の地点へ移動し、その地点での太陽がもっとも高くなる南中の時刻を知れば、その時刻の差から経度が求められます。

たとえば、グリニッジ（B）で正確に合わせた時計が、任意の地点（A）で南中時に午前3時を示したとすると、グリニッジに比べて9時間早いわけですから、15度×9時間＝135度となり、A地点は、東経135度となります。

昔は正確な経度を測りにくかった

ところで、ここまで地球の大きさを知るためには、同一子午線上の2地点の緯度とその間の距離を利用しました。しかし、地球が球体であるとすれば、赤道上の2地点間の経度と距離を正確に知る方法でもよかったはずです。

どうして緯度が使用されたのでしょうか？

それは、経度を正確に知るのが難しかったからです。そして、赤道上に測量に適した陸地が少なかったのです。また、経度を知るには、太陽だけでなく、**観測に適した小さな星の南中時刻を観測することなどが必要**ですが、当時は、正確で持ち運びしやすい時計などありませんでした。

大航海の時代、大海原で正確な位置を知ることは、安全航海や領土拡張のためにきわめて重要になります。スペイン、フランスに続いて、イギリス国王は、1714年、経度を正確に測る方法の発見、発明者に、高額な懸賞金を用意します。

この難問に答えたのが、イギリスの時計技師、ジョン・ハリソンです。彼の手によって**精密時計**（**クロノメータ**）が完成したのは、1761年のことです。技術開発から懸賞金獲得までに曲折はありましたが、彼の時計は要求を満たしたとして評価され、1773年には、ついに懸賞金を受け取ります。

ハリソンの時計で、地球上の任意位置の経度が、簡単に求められるようになりました。得られた大陸や島々の位置情報から、緯度と経度の目盛線が記入された地球儀に大陸や島々を描くのは容易です。この、地球上の位置情報をもとに、平面の地図を描く方法である「**地図投影**」についてはあとで説明します。

2 地球の形を知る

このような経緯を経て地球の大きさと形は、次第に明らかになります。

一方、ニュートン（1643～1727年）は、自転している天体の赤道付近では遠心力の働きが最大となり、地球はその影響を受けて赤道付近が膨らんだ楕円体であると主張しました。しかし、彼の主張は理論だけで、測量などによって確かめられてはいませんでした。

そして、あるきっかけで地球が楕円であることが確かめられます。それは、**ある測量の間違いからはじまりました**。

フランスのカッシーニ父子は、国内で行われた三角測量の結果から得られた緯度1度あたりの子午線の長さを比べたところ、低緯度地方より高緯度地方のほうがやや短い結果となったのです。これでは、ニュートンの主張に反して、地球は縦長の楕円になります。

「本当はどうなのだろう？」

問題に決着をつけるため、1735年、フランス王立科学学士院は、スウェーデン（北緯約66度）と当時のペルー（南緯0度）に測量隊を派遣して、子午線の長さを測量しはじめます。

スウェーデンでは、測量終了までに1年、南米ペルーでは9年

図 楕円体と孤長

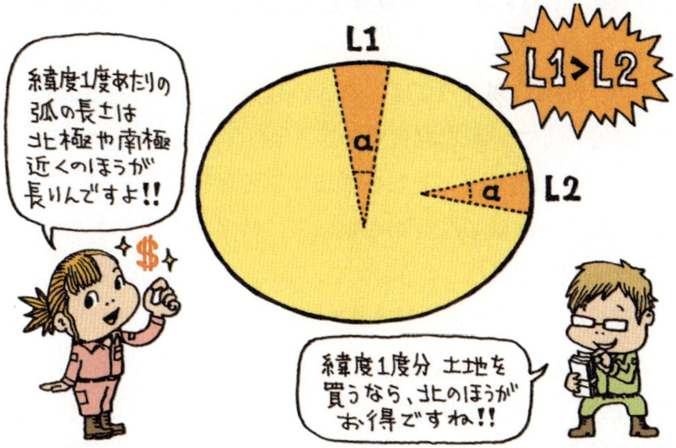
L1
L1>L2
a
a
L2
緯度1度あたりの弧の長さは北極や南極近くのほうが長いんですよ!!
$
緯度1度分土地を買うなら、北のほうがお得ですね!!

同じα°の孤長であるL1（極近く）とL2（赤道）を比べると、極近くの孤長L1のほうが長い

もかかるという苦難の測量でしたが、**緯度1度あたりの子午線の長さは、低緯度地方より高緯度地方のほうが長い**という結果が得られます。

これにより、地球の形はニュートンの主張どおり、北極と南極の両極から押しつけられたような横長の楕円であることが確かめられたのです。楕円を短軸にぐるりと回転させてできる「回転楕円体」に近い形です。

測量結果を表す地球楕円体とは?

1800年代に入ると、世界各地で行われた測量結果から、地球の大きさ、すなわち楕円体の形が次第に正確にわかるようになり、いくつかの数値が発表されます。こうした、地球の形に近い楕円体を「**地球楕円体**」と呼びます。

当時公表されていたいろいろな地球楕円体は、まだ数値にバラツキがありました。ですから各国は、発表された地球楕円体のなかから、自分たちがこれから測量や地図を作成する予定の地域(つまり自国)と同じ緯度の測量結果が反映されている地球楕円体を選んで使用します。

実際の測量にあたっては、測量の起点とする「**経緯度原点**」で天文測量をして正確な経度と緯度を測り、この経緯度原点で実際に測量する地球と、それを表現する地球楕円体の目盛りを一致させます。測量した実際の地球と、数字で表現できる地球楕円体を、経緯度原点という1点で、串刺しにするようなものです。

なぜなら、各国が選んだ地球楕円体は、現在のように人工衛星などを利用して求められたものほど正確ではありませんでした。そのため、どんどん測量を続けると、実際に測量した地球と地球楕円体との差が次第に大きくなります。

ですから、測量は、**これから測量する地域にできるだけ近い場所**（わが国の場合は、日本経緯度原点）**を起点**とし、そこで地球楕円体と一致させてからはじめるのです。

しかし、これだけでは、経緯度原点を中心にして回転してしまいます。そこで、経緯度原点から真北を基準として、特定の地点まで右回りに測定した角「**原点方位角**」を使用して、**2つの球体が同じ方向を向いて回転しないように固定**します。その後、地球上の各地点で測量した結果を、地球楕円体の上に表現し、これを平面などに投影して地図にしているのです。

ちなみに、各国が選定して基準とした地球楕円体のことを「**準拠楕円体**」と呼びます。日本では、2002年まで「**ベッセル地球楕円体**」（ドイツ）を準拠楕円体として採用し、測量結果はベッセル地球楕円体上の長さや位置として整理してきました。もちろん、日本の形や姿も、そこに表現してきたのです。

図 準拠楕円体と実際の地球の関係

地球の形は、いまほど正確にわかっていなかったから、天文測量の結果をもとに、準拠楕円体と実際の地球を日本経緯度原点で“串刺し”するように一致させて使った

Column

権威の中心に本初子午線を置いた昔の日本人

現在の世界中の地図は、ロンドンの旧グリニッジ天文台を通る子午線を経度0度としてつくられています。ところが、2世紀のプトレマイオスの地図では、大西洋に浮かぶカナリア諸島を通る子午線が、経度0度の本初子午線となっていました。これは、当時世界には「果て」があって、**カナリア諸島が世界の西端だったから**です。

日本ではどうだったのでしょうか？　経緯度線入り地図で有名な、長久保赤水「改正日本輿地路程全図」（1779年）では、0度とは記されていませんが、京都が基準になっています。高橋景保の「日本辺界略図」（1809年）でも、京都に経度の基準とする「中度」が表示されています。そして、伊能忠敬の「大日本沿海輿地全図」でも「**中度**」は、京都千本三条（現在の京都市中京区西ノ京西月光町）の**京都改暦所**を通る地点でした。京都改暦所は、幕府が「寛政の改暦」（1797年）を行うために設けた天文台があった場所です。

景保と弟子の忠敬が、みずからが勤務する浅草の「浅草司天台」（天文台）を中度としなかったのは、景保の父である高橋至時の改暦（寛政暦）はもちろん、1844年の、景保の弟である渋川景佑が主導した改暦（天保暦）でも、京都にあった平安朝以来の天文総本家「土御門家」の形式的な校閲を必要としたことで明らかなように、永年続いた権威に従う必要があったからです。西欧人は「世界の果て」を本初子午線とし、日本人は「権威の中心」を本初子午線にしたのでした。

写真 **京都改暦所が「中度」となった伊能図**

伊能図では、経度が0度となる「中度」（本初子午線）が、京都改暦所の位置に記されている。そののち、日本の本初子午線は、内務省地理局とその天文台のあった東京溜池葵町三番地へ、さらに同局天文台が移転した旧江戸城本丸へと移るが、「万国測地会議」の決定に従うことになった1886年以降は、わが国でも、グリニッジ天文台を通る子午線が本初子午線となった

写真提供：東京国立博物館

4-2 地球に目盛りをつける!

1 星を眺めて、経緯度原点をつくる

測量の起点を「日本経緯度原点」と呼びます。

日本経緯度原点は、昔の「東京天文台」の位置で、現在の東京都港区麻布台2-2-1です（東経139度44分28秒8759、北緯35度39分29秒1572）。

日本経緯度原点の位置は、日本標準時のもとになる東経135度地点などとしてもいいのですが、きりのいい数字だから使いやすいとはかぎりません。原点は、天文測量などを実施し、これからの測量実施に都合のいい場所を選定し、経度と緯度を高い精度で測量します。設置されたのは、1892年です。

日本経緯度原点を決めるための経度測量は、それまでにアメリカ海軍などの観測によってグリニッジからシンガポールなどを経由した測量で経度が明らかになっていた長崎と、当時、東京天文台があった東京都港区麻布台の間で行われました。

そのときの経度測量は、経度がすでにわかっていた長崎と東京の両観測地点の子午線上を、あらかじめ選定した複数の星が通過する時刻を正確に観測する方法で行われました。両時刻の差が経度差となります。両地方時の決定、利用には、「電信法」という方法が使われました。

一方、緯度の測量は、港区麻布台で天文観測が行われました。実は、北極星は天の北極からやや離れた地点にあって、天の北極の周りを小さく周回していますから、正確な緯度を求めるための目標としては、ほかの恒星と条件は同じになります。

日本経緯度原点の正確な緯度測量も、経度測量と同じように、

写真 日本経緯度原点

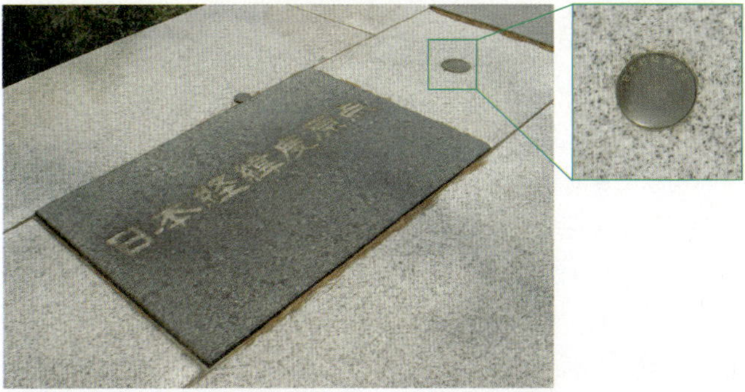

日本の測量の起点となる「日本経緯度原点」は、東京都港区麻布台にあった旧東京天文台の「子午環」という観測機器の位置に由来する

あらかじめ選定した複数の星が、子午線上を通過したときの高度観測をする「**タルコット法**」が使われました。

観測地点の地方時を正しくするための電信法や、複数の星を観測して大気中の屈折の影響を少なくするタルコット法については、あまりに専門的になりますから、説明を省略します。

その結果から、1892年には、日本経緯度原点数値が発表（公示）され、原点の値にもとづいて任意地点の位置を求める三角測量が、さらに地図作成が全国で行われました。

ところが、経度の決定に使用されたのは、グリニッジから東回りの観測だけだったので不安がありました。1918年になると、新たに東回りと西回りの追加観測が行われて、新しい値が求められ、日本経緯度原点の「**経度数値**」が変更されます。そのとき、日本経緯度原点と全国の三角点数値は、旧経度値に一定量（＋10秒4）が補正されました。

当初の地図への対応は、地図の区切りを変更しないで、地図の四隅に書かれた経度数値だけを書き直して使用したので、古い地図の隅には、10秒4の端数が書き足されています。国土地理院の古い印刷図（旧版地図）を見ると、端数の書かれたものが発見できるでしょう。

人工衛星や電波星を使う

宇宙時代を迎えた現在の「地球の形を知る」方法は、どのようになっているのでしょう？　答えからいうと人工衛星を使います。人工衛星が軌道から飛びださずに地球の周りを回っているのは、地球に引力があるからです。

地球の近くを周回する人工衛星の軌道は、地球の重心を焦点とする楕円の軌道を描きます。

ごく簡単には、地球の重心から人工衛星までの距離（A）が正確にわかっているとすると、人工衛星が真上にいるときに、観測地点から人工衛星までの距離（B）を知って、引き算すれば地球の半径（A－B=R）がわかります。人工衛星までの距離は、レーザ光を人工衛星に向けて発射し、光の速度と反射して返ってくるまでの時間によって求められます。

また、地球上の位置は、地球上に複数個設置された「VLBI」（Very Long Baseline Interferometry：超長基線電波干渉計）という大きなパラボラアンテナのある装置で、数十億光年のかなたにあり、みずから電波をだす「電波星」が発信した電波を観測する「VLBI観測」でも、明らかになります。2地点での、地球に電波が到達する時間の差を観測すれば、観測地点間の相対距離を数mmの精度で求められます。

こうした人工衛星やVLBIの観測結果で、任意地点の地球上の正確な位置が、すなわち地球の形が明らかになります。

2 海を眺めて水準原点をつくる

測量して地図をつくるには、位置の基準とともに高さの基準も必要です。高さの基準である「**日本水準原点**」は、「憲政記念館前庭」(東京都千代田区永田町1-1)にあり、0目盛の値(高さ)は、24.414mです。

この日本水準原点を基準として、高さを求める水準測量や地図作成が全国で行われます。水準測量は、図のような方法で行いますが、詳細はあとで紹介します。

それにしても、原点の0目盛が示す中途半端な数値は、なにを表しているのでしょうか?　水準原点の0目盛の高さは、当時東京湾に面していた港区の「**霊岸島**《れいがんじま》」で求めた平均海面にもとづいています。いわゆる**東京湾平均海面**です。

東京湾平均海面は、1873年6月から1879年12月までの間、霊岸島の「**量水標**《りょうすいひょう》」に立てられた「**量潮尺**《りょうちょうじゃく》」という“物差し”を使用して、毎日、満潮時と干潮時の海水面の高さを目視で観測し、その記録結果から平均を求めています。

さらに、霊岸島の量潮尺から、国土地理院の前身である陸地測量部のあった(現在の国会議事堂の近く)永田町の高台の水準原点まで、高さの測量(水準測量)を行って、0目盛の高さを24.500mとしました。

ところで、日本経緯度原点と同じように、明治初期に求められた日本水準原点数値にも、技術的、科学的な面で不安がありました。霊岸島が河川の影響を受けやすい場所であり、目視で物差しを読むような観測方法であり、月の影響を受ける潮位変動の周期を、十分取り除くだけ長期の観測期間がなかったからです。

のちに新設された三浦半島の「**油壺験潮場**《あぶらつぼけんちょうじょ》」で、深井戸に「うき」を浮かべた形式の自記記録観測(記録器をもった機械による観測)

写真 日本水準原点

小ぶりながらローマ神殿を思わせる特徴的な建物。中央の菊の紋章のある扉を開けると、中には水晶板の目盛があって、その0目盛が日本の高さの基準となっている

図 霊岸島での水位観測

むかしの人が毎日毎日自分の目で測っていたんですね
ボクだったら何日か記録をつけ忘れてやりなおしだな…

東京湾平均海面を決めるための水位観測は、海中に立てられた「量潮尺」と呼ばれる物差しの目盛を読みとるかたちで行われた

を、1900年から1923年までの23年間、行って検証しました。その差はわずか3mmで、値を変更するほどの問題はありませんでした。ところが、1923年に関東大地震が起き、日本水準原点の変動が予想されました。そこで、水準原点から四方に伸びていた各水準路線で測量を行い、その結果と油壺験潮場の潮位観測結果から、水準原点の沈下量を86mmと決定し、現在のような端数のついた数値24.414m（24.500 − 0.086 = 24.414）に変更しました。

その後、日本水準原点付近には、複数の地下鉄が通過するようになり、工事期間の前後には、監視のための測量も行われましたが、変動は確認されていません。明治期の技術者が、確かな地盤の土地を選び、こうした工事に耐えるしっかりとした構造物を建設したことが証明されたのです。

写真　水準点

旧1級国道に沿って、2km間隔で設置されている。標石中央の小さなでっぱりに標尺を立てて、水準測量をスタートする

3 「角」を測って日本中に三角点の網をつくる

これで、測量と地図作成を行うための、日本の「位置」と「高さ」の基準ができました。しかし、世界中で行われる位置の測量が、グリニッジという地球上でただ1つの基準を使用するのでは不便なように、全国各地で行う測量や地図作成が、常に位置と高さが決められた、たった1つの原点からしかスタートできないのでは不便です。

それに、原点から離れた地域まで測量するときには、しくみをかなり複雑にしないと、遠くなるに従い、測量の誤差が大きくなります。こうした不便を解消し、全国均一な精度を保証するために、もう1つの基盤をつくります。

それは、経緯度原点や水準原点数値と同じように、値に端数がついていますが、**正確な位置や高さを示す目盛りである三角点と水準点（合わせて基準点と呼ぶ）を各地に用意することです。**

全国に、ほぼ均等な密度、統一した精度で配置した三角点と水準点で構成される、随所に目盛りの入った（位置や高さが明らかになった）網が完成すれば、各地の測量は、身近にある三角点や水準点から容易に実施できるようになるわけです。

ここで、「**三角測量**」と「**三角網**」について説明します。三角測量は、135ページの上図の点Aと点B間の辺cの長さを、正確な物差しで測ります。これを「**基線**《きせん》」といいます。次に、基線の両端で角A（∠CAB）と角B（∠CBA）を測量機械で測り、C点の座標を求めます。実際の計算では、下記のような**正弦比例**を用いて求めた、三角形の辺長a、bからC点の位置座標を計算します。

$\frac{a}{\sin A}=\frac{c}{\sin C}$ から、$a=\frac{c \cdot \sin A}{\sin C}$

$\frac{b}{\sin B}=\frac{c}{\sin C}$ から、$b=\frac{c \cdot \sin B}{\sin C}$

写真　一等三角点の標石

一等三角点は(同補点も含めて)、25〜45kmの密度で全国に974点設置されている。もちろん、見通しのいい高い山に多く置かれているが、標高100m以下の平地部にも100点以上ある

図　一等三角点の構造

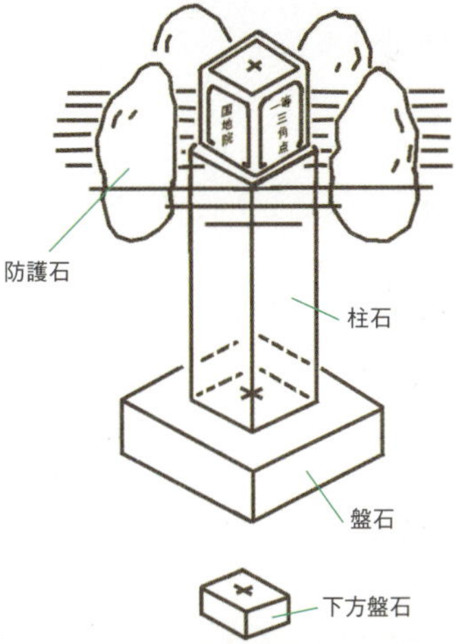

一等三角点の標石は、氷山のように、地上に見えているのはその一部だけだ。もしもの場合に備えて、盤石、下方盤石が用意される決まりになっている。明治期以降の継続的な地殻変動などを把握するため、原則どんなことがあっても移転しない

さらに各地点で内角の観測と計算を進めれば、ほかの頂点の位置も明らかにできるでしょう。

三角形の頂点にあたる場所の位置を求めるのと前後して、各地点には133ページの写真のような目印になる**標石**《ひょうせき》を設置します。三角点の標石に刻まれた十字の中心が正しい位置座標を示します。

このようにして、三角測量を全国に広げますが、誤差の拡大を防ぐため、一定の広がりの先では、新たな基線の測定をします。これが、大まかな三角測量のしくみです。

このように、三角測量の最初は、一辺などの長さを正確に測る「**基線測量**《きせんそくりょう》」からはじまります。基線は、日本全国に14カ所あります。3kmから10kmの距離があって、これを伸縮の少ない合金製の4mから25mの物差しで測りました。

現在の技術で基線測量を行うとすれば、どうなるでしょう？　もし、新しい三角網をつくる必要があったとしても、GPS測量が全盛の時代に、これまでのような方法で基線測量は実施しません。どうしてもとなれば、レーザ光などを使用した光波測距儀、あるいはGPS測量機を使用して、ごく簡単に、そして正確に実施できるでしょう。

日本全土を調査するなんて、
ボクだったら途方に暮れますよ……

図 三角測量

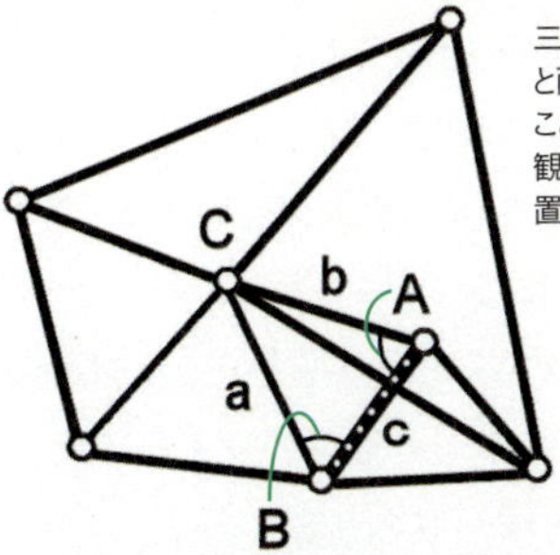

三角形の1辺の距離（c）と両端の角（A、B）を測ることからはじめ、次々と角観測を続けて正確な位置座標を求める

図 一等三角網図（一等三角補点を除く）

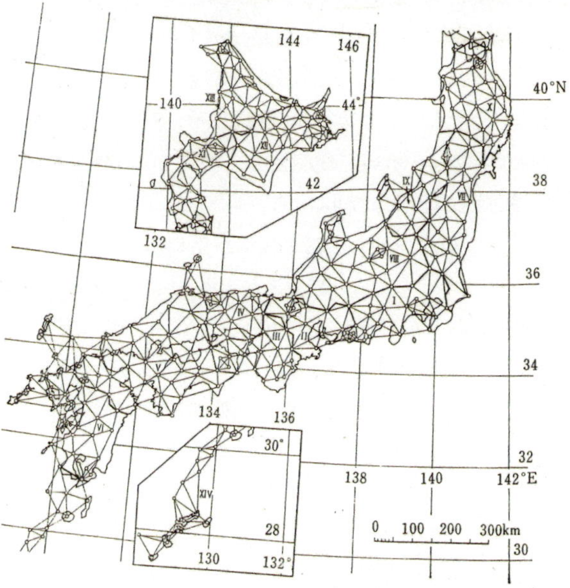

一等三角の網は、三角形を次々につないで日本列島をくまなく覆っている。過去には、朝鮮半島や南樺太までもつながっていた

出典：『測量・地図百年史』国土地理院/著（1970年）

涙ぐましい観測者の努力

基線測量ののちは、「トランシット」あるいは「経緯儀」（セオドライト）と呼ばれる測量機械を使い、各点で「角観測」を次々と行いました。角測定に用いられるトランシットという機械は、大きくは望遠鏡と目盛盤からできていて、鉛直・水平・視準の3つの軸のもとで回転するしくみになっています。

観測にあたっては、目盛誤差や軸誤差といった測量機械がもっている一定の誤差（定誤差）を取り除く、あるいは最小にするために、条件を変えた観測方法が取られます。

これは、広い意味のあまりの観測の1つです。ここでは、目盛盤だけに注目してみましょう。正しい角度を求めるには、目盛が正確に刻まれている必要があります。しかし、どのような努力をしても、目盛を刻む誤差をゼロにはできません。

そこで、同じA地点での角測定は、目盛盤360度の各部分を平均的に使う工夫をして複数回観測します。観測した値の差が一定の範囲内なら、単純に観測値を平均します。制限を超えた場合は、観測をやり直します。

そのほかに、前に説明した測量機械がもっている定誤差を最小にする工夫もありますから、観測条件を変えて行われる、決められた観測回数は、同一目標だけで24回にもなります。仮に1つの三角点から観測しなければならない目標が6方向あったとすると、6方向の視準を24回、合計144回の観測が必要になります。

そこでは、135ページの上図のように角Aと角Bだけを観測して、角Cを求めてもいいのですが、かならず角Cなどの、あまりの観測をして、角A＋角B＋角Cが180度になっているかを点検します。こういったしくみが、測量を行ううえでとても大切です。

こうした水平角の観測は、朝夕の陽炎が少ない、大気の安定しているとき、風が弱くて目標方向の視界が良好なときなどに行われます。さらに、測量機に直射日光が当たり、機械が変形するのを避けるため、周囲を**テント**で囲みます。また、測量機の観測中の沈下を防ぐため、**三脚用のくい**を用意して、そこへ測量機を設置します。

それだけではありません。観測する人が測量機の周囲を移動するときの振動が、測量機に直接伝わらないように三脚用のくいから離して、観測者用の**踏み板**も用意します（140ページ写真）。このように、測量には、考えられるかぎりの注意が払われているのです。もちろん観測者には、大きなプレッシャーがかかり、**根気強さと緻密さが要求**されました。

写真　**経緯儀「ウイルドT2」**

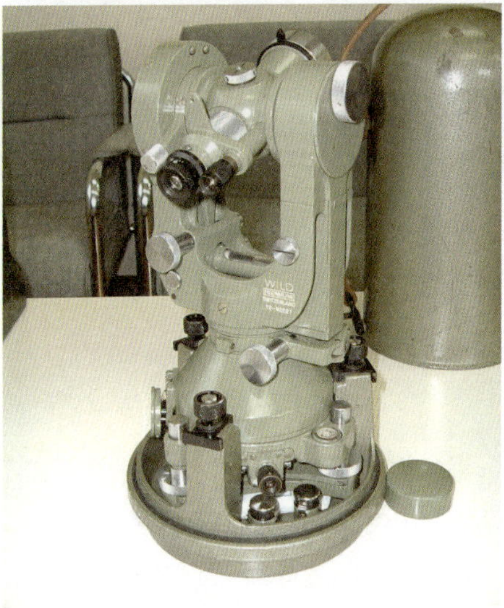

昭和時代に活躍したスイス製の経緯儀　　写真提供：yasuken

写真 カールバンベルヒー等級経緯儀

明治から昭和の時代まで、一等三角測量に使われたドイツ製の経緯儀　写真提供：国土地理院

測量には光を使う！

さてここまで、角を測ることを「（角）観測」という言葉で簡単に片づけてきましたが、日本全国をおおう地形図（国土の基本図）を作成するための「**一等三角測量**」（補点を含む）では、隣の点までの距離は25～45kmもあります。いったいどうやって測量した

のでしょうか？

通常、観測前には、測量標石の真上あるいは周辺に、数mから高いものでは20mもある四角錐の「**測量標**」(やぐら) を技術者がみずから設計・建設し、観測目標にします。

ところが、このような長い距離では、トランシットの望遠鏡でのぞいても、「**測量標石**」はもちろん、その真上などに立てたやぐらすら見えません。そこで、やぐらの上に「**ヘリオトロープ**」(回照器) という太陽光を反射させる鏡を設置して、観測者へ光を送り、反射光を望遠鏡で観測します。

そのとき、太陽の移動に沿って、鏡の角度を少しずつ傾けて反射光を目標方向へ届けるのですが、かなりの熟練が必要でした。観測の開始や終了の合図にも、この光通信を使い、いずれも、測量助手の大切な仕事だったのです。

観測は、周囲の山々に光る目標を、望遠鏡に用意された十字の縦線に合わせ、その間の角度を目盛盤から読みとり、記帳するというわけです。

写真　ヘリオトロープ（回照器）

鏡で太陽光を反射させ、向こうの山から経緯儀をのぞく観測者の方向に光を送る

写真提供：国土地理院

写真 測量標と観測風景

測量標石に張られたテントと観測者の足下に注目してほしい。距離によっては、山頂に小さく見える測量標（やぐら）を直接観測する

写真提供：国土地理院

日本の三角点は10万8千点を超える！

2点間の距離が25〜45kmで構成される一等三角網を完成して全国をカバーすると、次に点間距離が8kmの「**二等三角網**」、4kmの「**三等三角網**」をつくります。

三角点の最終座標値は、角の観測結果から「三角形の閉合差が2秒以下（180度±2秒）」であることなどを確認して、各地点の観測が終了すると、誤差を合理的に配分し、網の調整をして、位置座標が決定されます。この計算のことを「**調整計算**（平均計算）」といいます。

ところが、コンピュータがなかったそろばんの時代には、こうした三角点の調整計算を、同時に大量には行えませんでした。そこでまず、骨組みとなる三角網をブロックごとに完成させ、これを結合して日本全体の一等三角網を仕上げ、次に二等三角網、三等三角網といった小さな目の網をつくりあげる方法を採用しています。

これは、均一な位置精度（どの等級の三角点でも約10cm）を維持し、効率的に測量するためのしくみの1つです。

できあがった三角点は、一等三角点（同補点を含む）が974点、二等三角点が約5,060点、三等三角点が32,325点あります。特に、必要な地域だけに整備している「**四等三角点**」は70,095点で、計108,454点にもなります（2010年3月31日現在）。

ちなみに、日本全体をおおっている5万分の1地形図の1面の広さは約400km^{2}で、全部で約1000面ありますから、おおむね同地形図1枚の中に、一等三角点（同補点を含む）が1点、二等三角点が約5点、三等三角点が33点見つけられる計算になります。面積が4分の1の2万5千分の1地形図なら、三角点の数もその4分の1です。

「三角測量」からより正確な「三辺測量」へ

明治中期の三角測量開始時からの一、二、三等三角測量(1921年に終了)、そして昭和中期までの測量は、これまで説明してきたような方法で行われてきました。しかし、1970年代になると、レーザ光により距離を測る「光波測距儀」が本格的に使われるようになります。

光波測距儀は、光波(レーザ光)によって2点間の正確な距離を求める測量機械で、本体から目的地点に向けて光波を発射し、目的地点に設置されたミラー(反射プリズム)に反射して返ってきた反射光と発射光との波のずれ(位相差)により往復距離を知ります。

レーザ光の利用によって、数10kmといった長距離の測定も可能になると、測量方式はトランシットによる三角測量から、光波測距儀によって三角点間の辺を直接測る「三辺測量」に変わりました。旧来の三角測量で辺の長さが明らかなのは、正確な鋼鉄製の物差しで距離を測定した基線だけでしたから、順次求められることになる三角網の各辺の長さは、角観測の精度(条件がよくても1秒程度)に左右され、実際の距離より拡大したり縮小したりするおそれがあります。

一方の、三角形の各辺を測る三辺測量では、辺a、b、cの長さを直接測りますから、三角形の拡大·縮小がなくなり、精度が大きく向上しました。

そののち、光波測距儀とトランシットが一体となった「トータルステーション」と呼ばれる測量機械が使われるようになり、角と距離を同時に測ることができ、結果はデジタル表示され、データコレクタに記憶されます。精度の向上だけでなく、観測や後処理も効率的にできるようになりました。

図 光波測距儀の原理

発射した光波と
戻ってきた光波の
ズレで距離を
測ります
発射光
反射光

機械本体から光波を発射し、目的地に設置された反射プリズムで反射して帰ってきた反射光を観測して、発射光との波のずれにより往復距離を知る

写真 トータルステーション

従来の経緯儀と光波測距儀を一体とした。角と距離を同時に測ることができ、観測値はデータコレクタに記憶されるので、観測者はデータを記帳しなくてもいい

写真提供：ライカジオシステムズ

写真 GPS測量機

人工衛星からの電波を受信するGPS測量機（受信機）は、これまでの測量機と違って上空を向いている。それだけではなく、測量者はもう観測すらしない

写真提供：ライカジオシステムズ

GPS測量～ふたたび天に向かって測る

現在では、三角測量どころか三辺測量も行われなくなり、人工衛星からの電波を使用して位置を求める「GPS測量」が主流です。

GPS測量は、約2万km上空を周回する24個を基本とするGPS衛星が発射する電波信号を地上などで受信して、知りたい場所の位置を求める測量です。GPS測量を使えば、知りたい場所の位置を、数cm程度の精度で明らかにできます。

一方、一般のカーナビゲーションシステムを含めたハンディタイプのGPS受信機では、数mから数十mの位置精度しかなく、しかも、GPS衛星の配置や観測条件に左右されて、観測値も不安定です。

測量との位置精度の違いは、「測位」(一般にはGPS衛星から位置を求めること)の方法にあります。

図 GPS衛星の軌道

現在、おもに使用しているのはアメリカのGPS衛星(2009年時点で31個)。ロシアが運用を開始し、EUや中国、インドも計画中だ。日本の天頂付近を周回することで、ビル陰などの障害を小さくする目的をもった国産初の準天頂衛星「みちびき」が、2010年9月11日に打ち上げられた

単独測位

一般のカーナビゲーションシステムなど、おもに移動体の測位は、受信点の「絶対位置」を単独で決定する「**単独測位**」という方式を使用しています。単独測位は、1台の受信機で電波が衛星をでた時刻と受信機に到着した時刻の差である「伝搬時間」を測り、これに「電波の速度」(光速)をかけて、位置がわかっているGPS衛星から受信機までの距離を求めます。

単独測位では、x座標、y座標、z座標の3次元位置座標と、受信機の「時計誤差」という4個の未知数を解くため、**同時に4個以上の衛星からの観測**を必要とします。この測位では、下図のS1からS4までのどの観測値にも、受信機固有の誤差や大気の影響が残ります。これらが、一般のカーナビゲーションシステムで位置精度にばらつきがでる原因です。

図 単独測位のしくみ

1台の受信機で、4個以上の衛星からでた電波が受信機に到達するまでにかかった時間を測り、これに電波の速度をかけて、衛星から受信機までの距離を求める

相対測位

より高い精度で位置を求めるには、複数の受信機を使い、やはり4個以上のGPS衛星を同時に観測して受信機間の相対的な位置を決定する「相対測位」という方式を用います。観測点の1つは、位置座標が明らかな三角点などを使用します。

相対測位には、いくつかの方式がありますが、既知点と求点で、同時に4個以上の衛星からの電波をとらえて単独測位する方法があります。これは「デファレンシャルGPS」といいます。従来の測量では、観測を工夫して、できるかぎり誤差を取り除き、精度を向上させてきました。それは、GPS測量でも同じです。幾何学的配置のよいGPS衛星を選んで、同時観測を行います。

同時観測することで、GPS衛星軌道情報の誤差、電波が通過する大気の影響といった共通要因の誤差を取り除けます。また、広い意味の大気の影響である電離層による影響は、電波の周波数に依存する性質があることから、周波数の異なる2つの電波を用いて補正（解析のうえで）します。

しかし、こうした単独測位の延長だけでは、1m程度の精度しか期待できません。数cmあるいは数mmの精度を期待する精密な測量では、さらに複雑な方法を用います。2台以上の受信機を使い、「搬送波位相《はんそうはいそう》」と呼ばれる精度の高い物差しを使って、2点間の相対的な位置関係を求めるものです。

かなり専門的になるので詳細は説明しませんが、GPS衛星から各観測地点に到達した電波信号の到達時刻の差（位相差）に光速をかけて、衛星と両受信機間の距離の差（行路差:L）を求めます。さらに、この行路差と、衛星の瞬間位置を計算するためのデータ（軌道情報あるいは軌道要素、GPSの用語では暦とも呼びます）を使って、GPS測量機を設置した既知点から求点までの基線ベ

図 相対測位のしくみ

2点での
観測の差を取れば
衛星がずれても
平気です
基線ベクトル
求点
(Dおよび方向)
既知点

複数の受信機を使い、既知点と求点で同時に4個以上の衛星からの電波をとらえて、受信機間の相対位置（基線ベクトル）を求める。同時に観測することで、共通要因の誤差を取り除いて精度を上げる

図 干渉測位で求めるもの

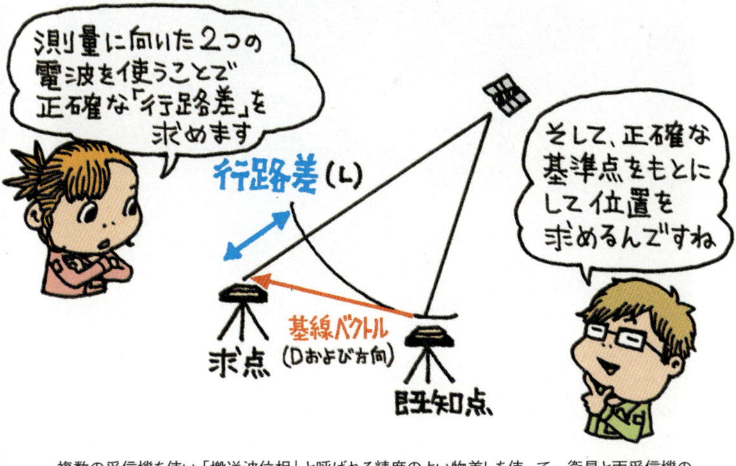
測量に向いた2つの
電波を使うことで
正確な「行路差」を
求めます
行路差(L)
そして、正確な
基準点をもとに
して位置を
求めるんですね
基線ベクトル
(Dおよび方向)
求点
既知点

複数の受信機を使い「搬送波位相」と呼ばれる精度のよい物差しを使って、衛星と両受信機の距離の差（行路差：L）を知り、基線ベクトルを求める

クトル(Dおよび方向)を計算します。

これを「干渉測位」といいます。

精度が向上するおもな理由は、同時観測などにより共通要因の誤差を取りのぞけるほか、搬送波位相という、より細かな目盛をもった物差しを利用することなどにあります。

最近の干渉測位では、固定した既知点と移動する求点間で無線通信することで、求点の位置をリアルタイムで測定する方法が開発・利用されています。既知の三角点に代わって、日本各地に

写真 電子基準点

GPS衛星からの電波を連続的に受信する基準点。観測データは、通信回線などを通じて国土地理院に集められ、解析されて地殻変動監視やGPS測量に使用される。日本全国に約1,200点ある。写真は、電子基準点「韮崎」

設置されている「**電子基準点**」(GPS衛星からの電波信号を受信するハイテク基準点といったもの)からの補正データを使用することで、1台の受信機で、しかも短時間の観測で、数cm精度の測量が可能になっています。これをネットワーク型RTK(Real Time Kinematic)といいます。

観測者の負担が激減!

GPS測量の登場で、測量技術者の負担は大きく減りました。機材の重さも減り、やぐらもつくらなくてすみます。天候に左右されることも少なく、多少の雨や、夜中でも測量できます。

それどころか、測量者はみずからの眼を使用した観測をほとんどしなくても測量が終わります。しかも、三角測量で求められた三角点の位置精度は約10cmでしたが、GPS測量では数cm精度の測量が簡単にできます。

変化は、ほかにもあります。

まず、観測方向が横から縦に移りました。当然ですが、三角測量では観測する周囲の求点が、望遠鏡を通して水平方向に見えなければなりません。そこで、観測前には、周囲にある樹木とその枝を切って見通しをよくしてきました。

ところが、GPS測量では、天空を周回する人工衛星がよく見えることが条件です。今度は、**観測する三角点などの上空の樹木を取り除いてから観測を開始**するようになりました。

しかも、上空の視界さえ確保できれば、観測する観測点との間に、どれほどの高い山やビルがあっても平気です。富士山を真ん中にして、南北2カ所で観測すれば、その間の距離測定も簡単です。

そればかりか、受信機が設置できれば、ビルの屋上や鉄塔のてっぺん、航空機の上でもだいじょうぶなのです。GPS測量は、三角測量や三辺測量に比べて、きわめて簡単に、しかも高精度で測量できるのです。

世界測地系への移行

2002年4月1日、宇宙測量技術によって求められた正確な地球の形と大きさを準拠楕円体として採用して、日本経緯度原点数値について定めた測量法が改正されました。そこでは、地球全体によく適合した世界共通となる「**世界測地系**」と呼ぶ測量の基準(測地系と呼ぶ)を採用し、日本経緯度原点の経度、緯度および方位角の数値も、大幅にあらためられたのです。

世界測地系の基本となる地球の形と大きさは、「**GRS80**」(Geodetic Reference System 1980)と呼ばれる地球楕円体です。世界測地系へ移行後の地球楕円体の起点は、世界共通となる地球の重心です。では、これまでの測量の基準は、世界共通ではなかったのでしょうか？　そう、世界共通ではなかったのです。

前述したように、測量の基準は、やや違いのある地球楕円体のなかから、各国が都合のよいものを選び、自国内に決めた経緯度原点などを起点として、やはり自国の範囲で使用してきました(123ページ)。日本の測量基準を「**日本測地系**」と呼んでいたのは、その理由からです。

ですから、準拠楕円体上の東経135度00分、北緯40度00分であっても、**準拠楕円体や経緯度原点が異なる日本とアメリカの示す位置には違いがあった**のです。

もし仮に、各国が異なる測量の基準を使用したまま、なんの細工もなく船舶や航空機の自動航行を行えば、衝突の危険さえありました。実際、海や空の分野では、世界測地系への変更を、陸の測量よりも先行しました。

各国が、従来の地球楕円体に比べて実際の地球にきわめてよく適合した最新の地球楕円体を使用し、その起点を地球の重心とすれば、同じ地点を異なる経緯度数値で呼ぶような問題は解決します。世界測地系への移行は、人や物、そして情報が国境という壁を越えて自由に行き来する、グローバル時代を反映した結果なのです。

すべての三角点のデータが変わった！

日本測地系から世界測地系へ変更した結果、日本経緯度原点では、経度が約－12秒、緯度が約＋12秒変化しました。距離に換算すると、北西方向へ約450mのずれになります。

今回の変更は、地球の形と大きさをベッセル楕円体からGRS80楕円体へと変更するとともに、当初の観測時からこれまでの地殻変動と、三辺測量などによる精度向上によって明らかになったひずみも解消しましたから、変更量も前回のように全国一律ではすみませんでした。**全国に10万8,000点以上もある三角点の値が、いっせいに、しかもランダムな値で変更された**のです。これが世界測地系への変換ということなのです。

たとえれば、当初こそ三角網という正確なグラフ用紙を日本列島の上に置いて、そのあちこちに記入された目盛数値（三角点）を使用して測量し、地図をつくってきました。

しかし、グラフ用紙全体が本来あるべき位置からずれていたことが技術の進歩で明らかになり、さらに、地殻変動という日々変化する湿気のようなものによって、三角網というグラフ用紙がひずんでしまいました。

そこで、網の目状のグラフ用紙を正しい位置まで移動し、さらにアイロンがけをしてしわを伸ばし、正しいグラフ用紙（三角網）にしたのです。世界測地系への移行によって、誰もが、**世界共通となる新しい位置の基準（三角点）を使用して、より正確な測量と地図づくりができる**ようになりました。

なお、実際の地図への対応ですが、前回の1918年では、しばらくの間、地図の四隅に経度数値の変更量を記入してすませてきましたが、今回は早々にデータのひずみを修正し、新しい区割りに変更しました。地図データがデジタル化されていたため、すばやい対応ができたのです。

4 高さを測って日本中に水準点の網をつくる

測量して、地図をつくるには、位置の基準になる三角点と同じように、日本全国で均一な精度の測量を実施し、高さの基準となる水準点を各地に設置する必要があります。

三角点が、グラフ用紙に書かれた位置座標の目盛りだとすれば、水準点は同用紙に書かれた高さの目盛りです。水準点をもとに測量をして、山の高さや地形の凹凸が明らかになります。

目盛りとなる水準点の標高を求めるための測量は、「**水準測量**」と呼ばれます。水準測量には、直接物差しの目盛りを読みとり、高低差を知る「**直接水準測量**」と、角度と距離から高低差を知る「**間接水準測量**」（161ページ参照）があります。

直接水準測量の原理は簡単で、観測は右図のようにA、B両端に「**標尺**」という物差しをまっすぐに立て、その中間に「**水準儀**」（**レベル**）と呼ばれる水平方向を見通すしくみのある測量機械を置きます。そして、水準儀の望遠鏡内に刻まれた十字線と一致した標尺の目盛りを読んで、A点とB点の高低差を求めます。

日本水準原点から、こうした測量を繰り返して、どこまでも進み、2km間隔に「**水準点標石**」を設置して高さ目盛りを示しているのです。なお、水準点標石の小さな凸状のてっぺんが正しい高さを示します。

図 直接水準測量のしくみ

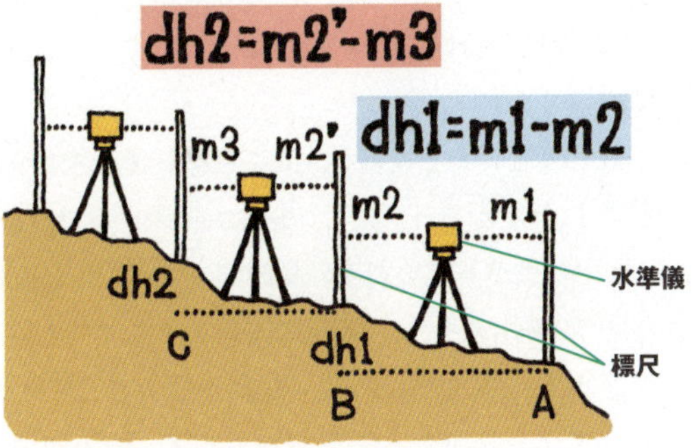
dh2=m2'-m3
dh1=m1-m2
m3
m2'
m2
m1
dh2
dh1
C
B
A
水準儀
標尺

誤差を減らすため一度に測れるのは最大で120mまで
これを日本全土でやるわけです
ううっ!!気が遠くなってきました…
ちょっぴり
くらっ…

各地点に標尺という物差しを垂直に立て、水平に置かれた望遠鏡（水準儀）でそれぞれの目盛を読む。それだけのことで高さの測量ができる。単純だからこそ根気のいる仕事

水準測量でも必須の「あまりの観測」

水準測量は、水準儀と2本の標尺を使いますが、伊能忠敬の測量と同じように、一定の区間ごとに往復観測して、観測結果に間違いがないか点検します。また、精度の高い水準測量では、機械誤差などを小さくするために、水準儀からA、B、2つの地点までの距離は、**ほぼ同じ長さの60m程度まで**とします。あるいは、2本の標尺の目盛誤差を取り除くために、**水準儀の設置回数を偶数回**にします。

観測が終わると、たとえば「2kmごとに設置した2つの水準点の間を往復した差が4mm以下であるか」(差がなければ理想)といった、観測結果が一定の誤差の範囲内であることを確認します。

それだけではありません。単純に測量をどこまでも続けたのでは、水準原点から遠くなるに従って誤差が大きくなりますから、三角網と同じように**観測路線を環状にして、その間の高低差がゼロになっているかを点検**します。観測誤差が決められた制限以内なら、誤差を観測路線の長さなどに応じて合理的に配分し、網の調整を行って最終結果を求めるのは、三角測量と同じです。これを**調整計算**(平均計算)といいます。

調整計算では、水準路線を構成する多数の環が矛盾なくつながるように点検し、誤差が配分されます。隣り合う環Aと環Bが、規定の範囲内でつながり、さらに環Aと環Bを合体した外周からなる環Cでも矛盾なくつながるか、といったようなことです。水準測量の精度は、一等水準測量なら2kmの距離で約3mmの誤差で高低差が求まります。

なお、水準測量は標尺をまっすぐ立てて尺取り虫のように進みますから、**傾斜のある山岳地は苦手**です。急傾斜地では、標尺をまっすぐ立てにくく、傾斜があるとA、B間の距離も短くなり、観測回数が増えて効率が低下するだけでなく、誤差も増大するのです。水準路線は、以上のような測量方法としくみで、日本全国をカバーするようにできあがっています（下図）。

一等水準点は、のちの利便性も考えて、「主要国道」（番号が2桁までの旧1級国道）に沿って、2kmごとに14,682点が、そのほかの国道にも、3,457点の二等水準点が設置されています（2010年3月31日時点）。

図　一等水準網図

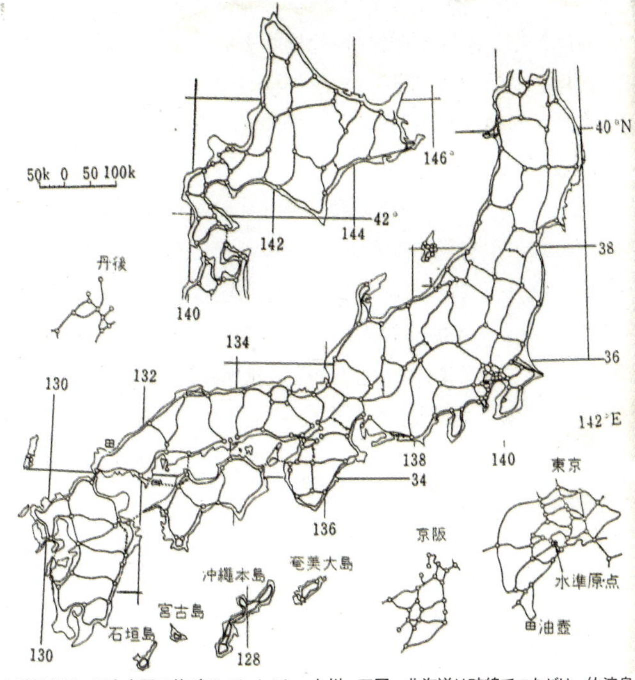

水準路線は、日本全国に伸びている。しかし、九州、四国、北海道は破線でつながり、佐渡島にはつながっていない

出典：『測量・地図百年史』国土地理院/著（1970年）

水準測量技術はこれからどうなっていく？

科学技術は、日々驚くほど進化し続けていますが、水準測量技術に大きな変化はありません。

従来、水準儀と呼ばれる水平を見る測量機械は、エーテルなどで満たした曲面のガラス管に気泡を閉じ込めた、「気泡管」と「望遠鏡」とで構成されていました。測量者が、水準儀に取りつけられた3本のネジを使用して気泡を頼りに機械を水平にしてから、望遠鏡内の十字線の先にある標尺の目盛りを観測してきたのです。

そののち、水準儀をおおよそ水平にさえ置けば、水平に視準したのと同じ目標を十字線上に見ることができる機能をもつ「自動水準儀」と呼ばれる測量機械が登場します。そのしくみは、望遠鏡内の鏡やプリズムを吊り糸で吊り下げ、それぞれが地球の重力によって一定方向を保つことを利用して、水平な視準線を十字線に結ばせるものです。

さらに、バーコード目盛の標尺とセットになった自動読みとり形式のデジタル水準儀も登場し、すみやかに、そして確実に観測が終了するようになりました。これは、望遠鏡内部に用意された測定記録装置が読みとったバーコード目盛を画像処理して、視準位置の目盛を知るものです。しかし、水準儀と2本の標尺を鉛直に立てて測量する方法そのものは、いまも変わりありません。

GPS測量は高さを測るのが苦手？

ところで、三角点などの位置の測量を大きく変えたGPS測量は、高さの測量に使用できないのでしょうか？

GPS測量で直接得られるのは、地球の重心を原点とする観測地点の正確な3次元座標です。現在は、準拠楕円体が、かぎりなく実際の地球に一致しています。ですから、位置座標は、GPS

測量から得られた3次元座標をそのまま、あるいは緯度経度に置き換えて使用すればだいじょうぶです。実際にそのようにして利用もしています。

高さも、3次元座標の高さの成分を日本水準原点にもとづく値に置き換えればいいのですが、それほど簡単ではありません。

日本の標高の基準は、日本水準原点のゼロ目盛(標高24.414m)です。すなわち、日本水準原点のゼロ目盛の24.414m下を0mとしています。この0mの面は東京湾平均海面を陸上へ延長したもので「**ジオイド面**」といいます。そして、**任意の地点の標高は、このジオイド面からの高さで、準拠楕円体面からの高さではない**のです。

このジオイド面は、なめらかな凹凸のある曲面をもちますが、準拠楕円体のように数式では表現できません。平面でもなく、単純な曲面でもない、大きな波のようなジオイド面は、地球内部の質量分布を反映していて、準拠楕円体面に対しても凹凸があります。

気泡管で水平を知る直接水準測量で求めた高さは、平均海面を陸に延長したジオイド面からの鉛直方向の長さを測量しています。標高を知るためには、なんの細工も必要としません。水準原点をもとにした水準測量の結果から標高を求めるのは、とても簡単なのです。

しかし、**GPS測量で明らかになる高さ成分は、ジオイド面からではなく、準拠楕円体面から受信機のある求点までの距離**(楕円体高:HE)です。日本水準原点にもとづく標高(H)を知るには、楕円体高(HE)より、準拠楕円体からジオイド面までの高さ(ジオイド高:N)を引かなければなりません。

従って、GPS測量によって直接水準測量のように精度よく高さを知るには、数cm精度のジオイド高がわからなければなりません。

あたり前ですが、GPS測量の高さの精度は、このジオイド高の精度に左右されます。

では、ジオイド高はどのようにして知るのでしょうか？

ジオイド面は、水準測量で得られた各地の標高を鉛直方向に逆算した標高0mの位置です。そのときの物差しを当てる方向、すなわち鉛直の方向（簡単には、おもりを吊り下げたときの方向）を正確に知るには、「**重力測量**」が必要になります。

水準測量と重力測量を各地で実施して、ジオイド面を数多く知れば、その面をつらねて全体を推定できるでしょう（これをジオイドモデルといいます）。しかし、**水準測量などが行われない山地部などで、ジオイド高を数cm精度で明らかにするのは難しい**のです（最近では10cm精度のジオイドモデルが完成していますが）。

ですから、水準測量などが実施できない山岳地域などでは、GPS測量における標高の精度はやや低くなります。つまり、結論としては、GPS測量で高精度な高さを知るのはやや難しいのです。

図 楕円体、ジオイド面、標高の関係

平均海水面を陸側に延長したのがジオイド面。ジオイド面は、楕円体に対して、不等距離の位置にあるから標高（H）＝楕円体高（HE）－ジオイド高（N）で求める

5 海の向こうへどうつなげるか？

日本列島の全域で統一した測量をするため、列島全体に位置や高さの目盛りの入った“網”をかぶせましたが、その“網”は北海道や四国、九州へはつながっているのでしょうか？　また、沖縄や伊豆七島へはどうしたのでしょうか？　離島にも正しい目盛りがふられていなければ、島の位置や大きさもわからず、山々の高さも比較できないはずです。

三角測量とその網は、**三角形の一辺と内角を測って次々とつなげます**。海を隔てた場所であっても、目標方向さえ視準できれば、三角測量（三角網）をつなぐことはできます。

そのとき、三角測量で誤差をできるだけ小さくするためには、**三角形を正三角形に近い形になるように各点の位置を選びます**。同時に、複数の三角形によってできる網の形を、縦と横に適度な広がりをもたせます。

三角形を正三角形に近い形にするのは、どうしてでしょう。

三角測量では各頂点で次々と角を観測して網を広げます。従って、角観測の精度が、全体の位置精度を左右します。160ページの図のように、同じ1秒の観測誤差があった場合に、求点の位置に与える影響は正三角形に近いほど少なくなります。

三角網全体の広がりも同じです。1点の観測誤差が同じなら、複数・多方向からの三角形で構成される三角網ほど信頼性は高まるはずです。特別な細工をしなければ、ペンシル型の構造物より、サイコロのような、直方体に近いバランスのとれた構造物のほうが堅固にできるのと同じです。ですから、細長く飛びだすように三角形をつなげたとしたら、左右から支えるものが少ない三角網の先端地域の精度は低下するでしょう。

135ページの一等三角網図を見ると明らかですが、北海道や四国、九州、佐渡島、対馬などへは、上の条件を満足する程度のつながりをもって、三角網がつながっています。また、やや不十分ですが、北方領土や奄美大島、沖縄へもつながっています。それればかりか、日本の一等三角網は、かつて日本の領土であったサハリンや朝鮮半島にまでも連結されていました。

一方で、伊豆七島、小笠原諸島、宮古島、石垣島などの「先島諸島」には、つながっていません。その理由は、あまりにも長距離なので観測できないか、島の配置などから正三角形に近い形で、かつ広がりのある三角網を構成できないからです。そのため、離島の三角点は、本土の一等三角網とは関係なく、天文測量によって、のちにはGPS衛星以前の人工衛星による測量結果によって、島の位置が求められていました。

では、現在はどうなっているのでしょう？

GPS測量の実施によって、**どんなに本土から離れた島であっても、本土と同じように地球重心座標として三角点と島の位置を求められます**。その結果、離島によっては、500～700mも位置のずれがあることがわかりました。

図 三角形の形と位置誤差

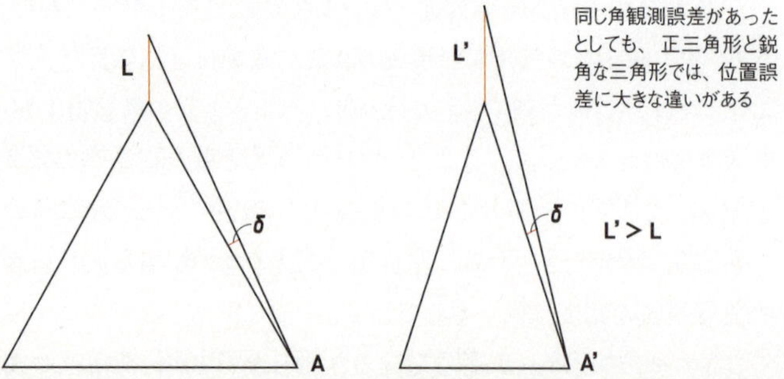

同じ角観測誤差があったとしても、正三角形と鋭角な三角形では、位置誤差に大きな違いがある

離れた場所も測れる「間接水準測量」

高さの測量(水準測量)と水準網は、北海道や四国、九州へつながっているのでしょうか？　154ページでお話ししたように、精度の高い水準測量では、水準儀(レベル)からA、B、2つの標尺地点までの距離を、わずか60m以下として行います。

これでは、離島どころか北海道や四国、九州、いえ、淡路島へだってつなげられません。ただし、橋がかかっている川の向こう岸なら、交通にともなう振動などの影響を少なくしながら、橋の上での測量によってつなげられます。

架橋や海底トンネルでつながる以前のようすを示す、155ページの一等水準網図で北海道や四国、九州をよく見ると、破線でつながっています。これは、どんな意味をもつのでしょうか？

そこで実施されたのが、**間接水準測量**(**渡海《とかい》水準測量**)と呼ばれる方式です。間接水準測量は、海や大きな河川をへだてた地域での水準測量と、山地での三角点の高さを求める場合などに使用します。間接水準測量は、簡単にいうと、次ページの図のように**三角測量の三角形を縦にした方式**です(**三角水準測量**とも呼びます)。点Aで角観測をして、点Pとの間の高低差を、

$$h = AQ \cdot \tan\alpha = AP \cdot \sin\alpha$$

※辺APの長さがわかれば、$h = AP \cdot \sin\alpha$ でもわかります。

で求めます。三角水準測量の精度は、観測点間の距離にもよりますが、角観測の精度に大きく依存します。多くの三角点の高さの測量は、この方法によっていて、10〜20cm程度の高さ精度をもっています。

しかしこの方法は、観測距離が長い海を隔てた水準点の結合

図 間接水準測量

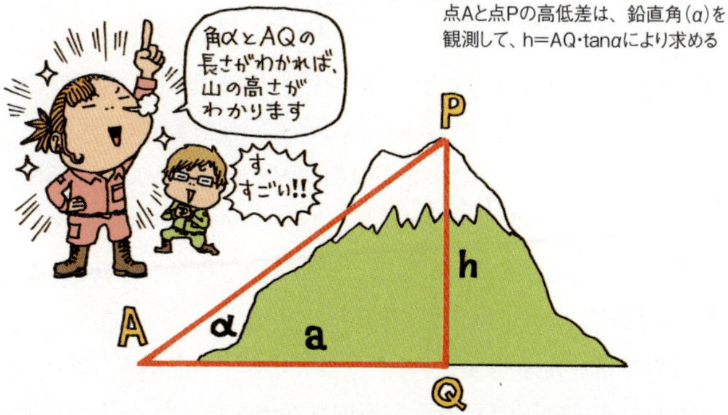

には工夫なしには使えません。そこで、本州と主要な島の間では、間接水準測量の一方式である、**渡海水準測量**という方法が使われています。

渡海水準測量は、**海を隔てた両岸の、ほぼ等しい標高の地点に目標を置き、両岸から目標を観測**します。もちろん、距離によっては、標尺目盛どころか目標も見えませんから、目標から光を送って、これを望遠鏡で観測します。専門的になりますから、具体的な測量方法は省略しますが、「**ティルティング・レベル**」と呼ばれる測量機械が備えるしくみを利用して、両岸に置かれた上下2つの目標の高低差を観測します。

観測は、大気が安定している時間帯に、大気による観測値の変動の平均を取るために時間をおいて複数回、そして測量機械の誤差を取り除くために両観測地点で同種の機械を使用し、しかも同時にします。

それでも、大気によって視準線が屈折し、地球の丸さによる観測値への影響も残りますから、観測値を調整しなければなりません。距離の測定は、光波測距儀で直接、あるいは三角測量で間接的に精密に求めます。

富士山と屋久島の宮之浦岳の高さは正しく比較できる？

これで一等水準網は、本州から北海道、四国、九州まで結合されました。ただし、本州と北海道の間は、あまりにも観測距離が長く、光の屈折による影響を取り除く調整計算の結果に不安があったため、北海道だけは独自の基準のままとしました。そののち、**九州は「関門トンネル」を、北海道は「青函トンネル」を使用した直接水準測量によって本州の水準網と結合**された結果、いずれも、従来値との差が40mm程度で、大きな問題はありませんでした。

飛び石のように島をつなぐ渡海水準測量でつながっていた、本州と四国はどうなったでしょうか？　3本の架橋が完成してから、直接水準測量が行われたのでしょうか？　残念ながら、答えは「NO」です。大架橋では、交通や天候による橋の変形や揺れが大きいため、直接水準測量には適しません。従って、**いまも島を連ねた渡海水準測量による結合のまま**です。

このように、島によって事情はやや異なりますが、本州と主要な島の水準網は結合していて、水準点標高は数cmの値で信用できる結果になっています。

では、残る佐渡島、奄美大島、沖縄、伊豆七島や小笠原などはどうなっているでしょう？　**離島では、島に設置された験潮場、あるいはごく簡単に海面の変動を知る簡易験潮儀による観測を実施**して、島ごとの平均海面を求め、これを水準測量や高さの基準にし、地図作成などに利用しています。

いずれの離島の平均海面も、日本水準原点のもととなる東京湾平均海面の観測期間に比べれば短期間で決定されていますから、正確さでは劣ります。そればかりか、日本各地の海面の高さには、最大で20cmほどの差があることが知られていますから、各平均海面には、その程度の違いが想定されています。

こうした地域の地図の余白には、「高さの基準は○○港の平均海面による」などと書かれています。たとえば、富士山と屋久島にある宮之浦岳の標高は、基準とした平均海面が違いますから、センチメートル（cm）単位での正確な比較はできません。これを解決するには、2つの山頂でそれぞれGPS測量をして、その標高を比較すればいいのですが、前述したように、**両地点のジオイド高が正確にわかっていなければならないのでこれも難しい**のです。

図 離島における平均海面についてのただし書き

1. 投影はユニバーサル横メルカトル図法、座標帯は第52帯、中央子午線は東経129°
2. 図郭に付した短線は経緯度差1分ごとの目盛
3. 高さの基準は中城湾の平均海面
4. 等高線の間隔は20メートル
5. 磁針方位は西偏約3°50′
6. 図式は平成元年1:50,000地形図図式

離島では、高さの基準を島独自の平均海面としている。その場合は、地形図にその旨が記載されている。写真は5万分の1地形図「沖縄市南部」

第5章

地図はどうやってつくる?

5-1 3次元の球体から2次元の地図へ

日本全国各地に三角点と水準点が用意されて、ようやく土台ができたので、地図の作成に進みましょう。ですが、その前にどうしても知っておかなければならないことがあります。

紀元2世紀ギリシアの地理学者プトレマイオスが、最初にしたのではないかと思われる、「**球体上の情報を平面に表現する**」という難しいテーマです。

1 地形図に使われている投影法とは?

地球が楕円体なのはわかりましたが、どの程度のつぶれぐあいなのでしょう？　つぶれぐあいを示す「扁平率（f）」は、以下の式で表されます。

扁平率f＝(a－b)/a
a＝長軸半径、b＝短軸半径

現在基準とされている「GRS80楕円体」の値は、長軸半径が6378.137km、扁平率は298.257分の1です。短軸半径は6356.7523kmなので、赤道方向に約21.4kmでっぱっていることになります。もし、赤道方向の半径（長軸）を1mとした地球儀をつくったとしたら、長軸と短軸の比は、6378.137:6356.7523≒1:0.9966なので、両極方向の半径（短軸）は3.4mmだけ短い0.9966mになります。私たちの感覚では「ほとんど球」といえます。

しかし、約21.4kmも両極方向の半径に比べて赤道方向の半径のほうがでっぱっているとなると、**測量をする者には無視できな**

いのです。

地図は、わずかに横にふくらんだ楕円体上のようすを平面に表現するのですが、そのとき、どうしても地球を楕円体として考えなければならないのでしょうか？　それ以上に、地球を平面として扱うことはできないのでしょうか？　海岸線に立って水平線を眺めたとき、私たちの目にはどうしても海面が球面には見えない場合もあるでしょう。見えるかどうかは、人それぞれの目のよしあしに左右されることもあるでしょう。

測量や地図作成においても、この目のよしあしにあたる「許される誤差」がありますから、起点とした場所から一定の広がりの範囲では、球面を平面として表現してもいいはずです。

地図作成の区域が起点から離れるに従い、**球面と平面の差が許される誤差の量を超えたら、別の場所を起点として地図を作成**します。2万5千分の1地形図などは、このような考え方で、一定の範囲を平面として地図がつくられています。

地球は赤道方向へ約21.4kmでっぱった楕円体ですが、これも地図の縮尺や作成区域の広がりから検討して、許される誤差の範囲内であれば、球体とみなしてもいいでしょう。

地球という楕円体上で測量した結果を、球体上の座標に置き換えて使うこともできます。球体である地球を平面の地図に表現する**地図投影**について考えてみましょう。

次ページ上の写真は、ツバキの丸い実が地面に落ちて乾燥し、はじけて平らになろうとした結果です。そして次ページ下の地図が、「**ホモロサイン図法**」です。形がなんとなくよく似ていますね。地図投影で使われている難しい数学は、丸いツバキの実が、乾燥して、平らになろうとした力と同じようなものです。仮に、丸いツバキの実にスイカのような縦じま模様があったとして、3つに

写真 乾燥したツバキの実

乾燥してはじけたツバキの実から世界地図を連想する

図 ホモロサイン図法

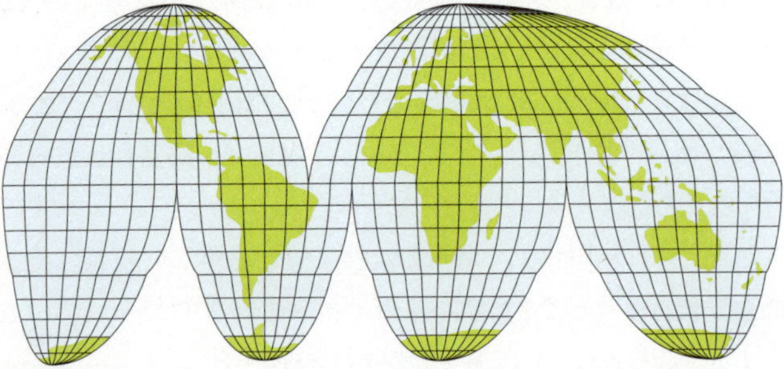

複数の図法を組み合わせたひずみの少ない図法。したがって、乾燥してはじけたツバキの実に似るのは当然?

はじけて、水分がなくなったツバキの実が、さらに平らになろうとしたときは、縦じま模様がもとのような単純な線ではなくなってしまうはずです。

地図も同じです。球体を平面の地図に表現しようとすると、経線や緯線ばかりでなく、大陸の形と面積も、そして大陸間の角度も、変形します。言い換えるなら、地球を平面に投影した地図にはかならず、距離、角度、面積のいずれかのひずみがあり、**どのような投影法を用いても、3つのひずみすべてを同時に解消することはできない**のです。

地図投影法は、こうした投影の性質から、あるいは投影面の形などから分類でき、それぞれを「○○図法」と呼んで整理しています。その場合、「メルカトル図法」のような発明者などの名前や、「正角円筒図法」のように投影の性質や形状からつけられた名前があります。

投影の性質からは、距離が正しく表現される「**正距図法**」、面積が正しく表現される「**正積図法**」、そして任意の2方向の角度が正しく表現される「**正角図法**」の3つに分類されます。

投影面の形状から整理すると、おおむね次の3つに分類できるでしょう。1つは、地球の周辺に置かれた平面に地球の姿を投影する「**方位図法**」です。2つ目は、地球に傘のような円錐をかぶせ、これに地球の姿を投影して平面に切り広げた「**円錐図法**」です。3つ目は、地球に帯を巻くように円筒をかぶせ、やはり地球を投影した円筒を平面に切り広げた「**円筒図法**」です。

それぞれの図法は、投影面の形、光源の位置や投影面の位置によってさらに細分されます(170ページ図参照)。また、投影面の形や光源の位置、投影面の位置の変化だけで満足できない場合は、計算によって補正を加えた図法も多く考えられています(非投射法や擬図法)。

いずれの図法でつくられた地図にも、先ほど説明した「ひずみ」は残りますが、図法の特徴を生かし、残されたひずみを許される誤差として認めながら、各種の図法を利用します。

図 投影面の形による図法の分類

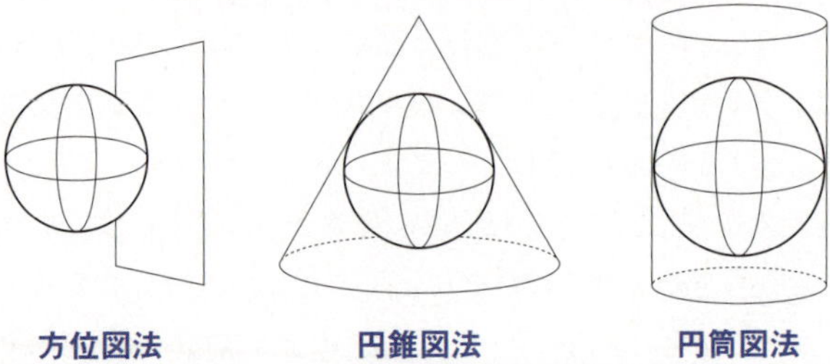

地球を平面に映す投影面の形によって分類する。かつて、地形図には円錐図法を応用した多円錐図法（多面体図法）が使われていた

図 光源の位置による図法の分類

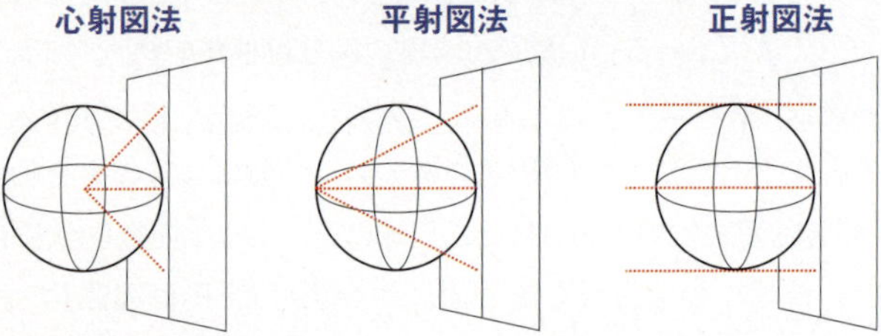

光源の位置によって分類する。これらの延長として、地球の外に光源を置いた外射図法、地球中心以外の中に置いた内射図法もある

図 投影面の位置による図法の分類

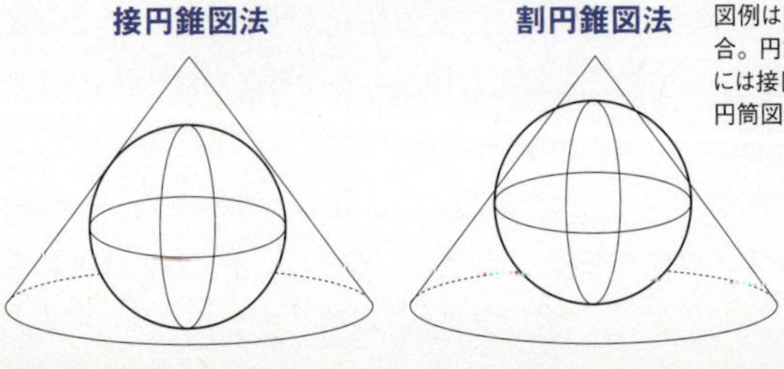

図例は円錐図法の場合。円筒図法の場合には接円筒図法、割円筒図法となる

写真 方位図法による世界地図

東京を中心とした平面に投影した方位図法による世界地図。本図は、図上の長さ×縮尺分母の計算から、東京から任意の地点の2点間最短ルート、および距離、方位が正確にわかる「正距方位図法」だ

図版提供：東京カートグラフィック

写真 円錐図法による世界地図

円錐に投影した円錐図法による世界地図。本図は、すべての経線上と2本の標準緯線（北緯30度と南緯49度）上で距離が正確にわかる「正距円錐図法」だ　図版提供：東京カートグラフィック

写真 正角円筒図法による世界地図

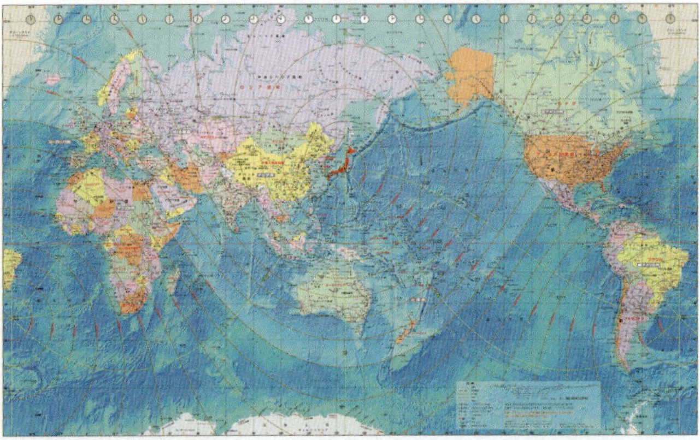

赤道を接線とする円筒に投影した「正角円筒図法」。地球上の角度が地図上にも正しく表現されるが、点であるはずの両極が赤道と同じ長さになってしまう

図版提供：東京カートグラフィック

写真 正積図法による世界地図

円筒図法を変形して、極と赤道の比率を1：2にした「擬円筒図法」。面積の比較がどこでも正確にできる「正積図法」で、発明者の名前から「エケルト第4図法」と呼ばれる

図版提供：東京カートグラフィック

2 ユニバーサル横メルカトル図法とは?

よく知られている「**メルカトル図法**」は、ベルギーの地図学者メルカトル（1512～1594年）が考案した円筒図法の一種です。メルカトル図法は、縦に置いた円筒で地球を包み込み、光源を地球内において円筒に地球の姿を投影しています。メルカトル図法の経線は平行な直線、緯線も経線に直交する平行直線になります。

メルカトル図法は、円筒に接する部分から離れるに従い、面積と長さのひずみの量が大きくなります。地図帳を広げて、メルカトル図法の地図に表現されたグリーンランド島（赤色）を、ほぼ同じ面積のアルジェリア（緑色）やリビア（水色）と見比べるとわかります。面積や長さは、円筒が地球に接している赤道から、次第に離れる極に向かうにつれ、大きく拡大してしまいます。

図 メルカトル図法のひずみ

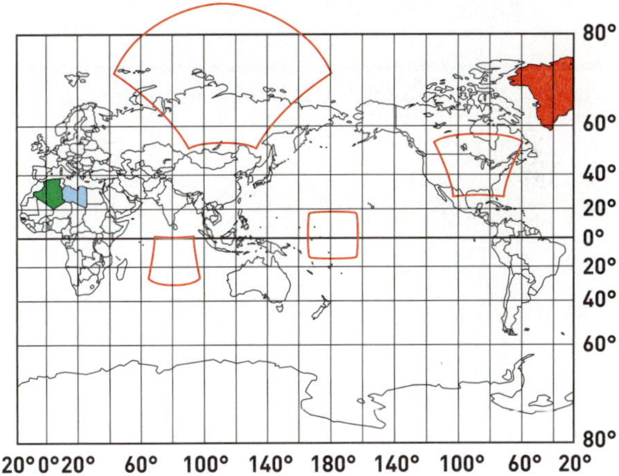

メルカトル図法は、正角だが、正積ではない。図のように赤道上の正方形は、ほかの地点では大きく変形する。アルジェリア（緑色）やリビア（水色）とグリーンランド島（赤色）は、面積がほぼ同じなのだが、とてもそうは見えない

しかし、メルカトル図法は、**角度が正しく保存される図法**であって、**出発点と目的地を直線で結び、極を結ぶ経線とこの直線がつくる角度に沿って船を進めると、目的地に到着できる**という最大の特徴があります。そのため古くから海図として利用されてきました。

これに対して、国土地理院が作成している地形図は、横に置いた円筒で地球を包み込むようにし、その円筒に地球の姿を投影し、これを切り開いた「**ユニバーサル横メルカトル図法**」(以下、UTM図法、UTM:Universal Transverse Mercator)で作成されています。

UTM図法では、ひずみが常に、許される誤差の範囲内となるように、経度6度ごとに円筒に投影し、これを切り開いた形で平面の地図にしています。切り開いた形は、地球儀をつくるときに使われる舟形(ゾーン)と同じです。許される誤差の範囲を超えると、地球を経度方向に6度回転させて、あらためて円筒に密着

図 ユニバーサル横メルカトル図法と舟形

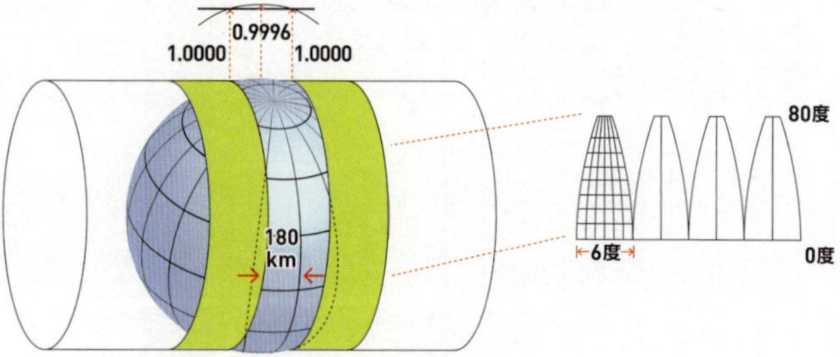

UTM図法は、横向きの円筒に6度幅のゾーンごとに投影する。ひずみを平均化するため、中央経線から180km先で縮尺係数を1.0000とする工夫もする。同一ゾーン内の地形図は、右図の舟形のように平面でつなぎ合わせることができる

させて新しい舟形とします。日本全土の地図をつくるためには、5つの舟形を使用しています。

さらに、6度で区切った舟形全体のひずみを極力小さくするための、ある工夫をしています。それは、舟形の中央の子午線で地球に接するのではなく、中央子午線から左右に180km離れた地点で地球に接するように、**地球に食い込んだ状態の円筒に地球の姿を投影しているの**です。

この結果、中央子午線では実際の縮尺の0.9996倍、中央子午線から180kmの地点で1.0000倍、270km離れた地点で1.0004倍となり、全体のひずみが小さくなります。

UTM図法でつくられている2万5千分の1地形図は、図の左上に「NI-54-25-6-2」のような「図番号」があります。これは国際的に決められた「100万分の1国際図」の切り図につけられた番号から始まる地形図固有の番号です(この場合はNI-54)。

詳細な説明まではしませんが、図番号を知れば、地球上のどの位置を表現した地図なのかわかります。図番号がつけられた1枚の地図は、地球の表面を切りだした舟形の一部で、どこまでも経度7分30秒×緯度5分で区切られています。日本全土は、4,342枚の地図でカバーされています。

舟形の一部である1枚の地図は、同じ舟形の中でなら同一平面上でつなぎ合わせることができます。

UTM図法の地図は北のほうほど小さくなる!

一方、経度と緯度で区切られた1枚の地図は、かぎりなく台形に近い不等辺四角形であって、単純な長方形ではありません。そして、**北へ行くほど小さな面積の地図**になります。それどころか、舟形内で、地図を横方向へ何枚もつなげれば、上辺と下辺は曲線になります。

このことは地形図の大きさが証明してくれます。北になるほど経度方向の長さは短くなり、緯度方向は長くなっています。それどころか、1枚の地図の左右の辺の長さにも、わずかですが違いがあります。

- 札幌（NK-54-14-10）面積376.53km²
  上辺40.64cm、下辺40.75cm、左辺37.01cm、右辺37.01cm
- 上高地（NJ-53-67）面積415.79km²
  上辺44.90cm、下辺45.00cm、左辺36.99cm、右辺37.00cm
- 沖縄市南部（NG-52-27-3）面積460.90km²
  上辺49.90cm、下辺49.97cm、左辺36.92cm、右辺36.92cm

※経度15分×緯度10分で区切られた、5万分の1地形図を例とした場合

同じ経度緯度で区切られた、日本の南と北の地図は、面積比で、約20%も違いがあります。

なお、表現された量に違いのある地図を同じ値段で売るのでは、少々気が引けたからでもないのでしょうが、最新の発行図は、地図用紙の余白部分を最大限に利用して、経度7分30秒×緯度5分で区切られた区画の隣接部分を、重複印刷しています。従って、北海道でも沖縄でも、印刷された地図の図上面積は、ほぼ横51cm×縦42cmとなっています。

同じような事例として、日本列島を一定の区画で区切って表現すると、半島の先端のほんの一部しか印刷されない海ばかりの地図も出現します。従来は、区画割りをかなり機械的にしてきましたが、現在では余白部分の利用と合わせて、区画の移動を柔軟にしてできるだけ海の少ない地図としています。

5-2 写真測量による地図づくり

明治中期から太平洋戦争が終わるまで、日本の地図づくりは、参謀本部陸地測量部という陸軍の組織が担当していました。その組織は、太平洋戦争が終わった1945年以降、建設省地理調査所、国土交通省国土地理院などと名を変えながら、地図をつくり、維持管理を続けてきました。

その間、5万分の1地形図は、基礎となる三角測量などと並行して1895年に作成を開始し、1924年に全国整備が完了します。足かけ約30年にもおよびます。

また、1910年に作成を開始した2万5千分の1地形図は、太平洋戦争などの影響もあって、事業はほとんど進展しませんでした。その後、作成を再開したのが1950年ごろ、全国整備がほぼ完了したのは1983年でしたから、**完成までに要した期間は、5万分の1地形図と同じ約30年**です。

5万分の1地形図と2万5千分の1地形図1枚の面積は、4倍もの違いがあります。もちろん2万5千分の1のほうが広いわけです。5万分の1の地形図は、平板測量により国土地理院の技術者みずからの手でつくられ、2万5千分の1地形図は、写真測量により民間会社の手も借りるという違いはありましたが、**作成スピードは単純計算で4倍**にもなっています。

現在発行されている紙地図、そして公開されているデジタル地図の原型はそのほとんどが、1964年ごろから本格的になった写真測量の結果でつくられ、現在では、これに種々の最新測量技術が取り入れられて、維持管理が行われています。

ここでは、おもに写真測量による地図作成について紹介し、そこから最新技術による地図作成の話をしましょう。なお、平板測量から現在の写真測量による地形測量と地図作成までの工程は、おおむね以下のとおりです。

Ⅰ…平板測量による地図作成工程

標定点測量➡平板による地形測量➡編集➡製図➡製版・印刷

Ⅱ…従来の写真測量による地図作成工程

標定点測量☆➡対空標識の設置➡空中写真の撮影➡空中三角測量➡現地調査➡図化➡編集➡製図➡製版・印刷

Ⅲ…現在の写真測量による地図作成工程

標定点測量☆➡対空標識の設置☆➡空中写真の撮影➡空中三角測量☆➡現地調査➡数値図化➡数値編集➡数値地形図データファイル作成➡製版・印刷☆

※「標定点測量」とは、地図作成のために必要な基準点を設置する測量のこと。☆印をつけた工程は、必要に応じて行う

1 平板測量～原始的だが精度は高い

「**平板測量**」は、明治から昭和初期までの地形図のおもな作成方法でした。経度や緯度、高さの明らかな基準点(三角点と水準点)をすべて使用して、現地で直接測量します。平板測量は、三脚のついた平板、アリダード、巻き尺、ポール、方位磁針などの簡単な機械を使用して、前方交会法や後方交会法そして道線法といった測量方法が使用され、未知点の位置を知り、直接・間接水準測量で高低差を測ります。

現地をくまなく測量するといっても、地球すべてを見て測っていたのでは、いつまでたっても地図は完成しません。地図縮尺に

応じた主要部分の位置情報を測量して、**その間の空白を人の手で埋めるようにして地図をつくります**。平板測量では、現地の地形測量によって地図原図がほぼできあがり、室内で編集・製図、そして製版・印刷して地形図が完成します。

1945年以前は、おおむねこのような手順による平板測量で地形図が作成されました。また、500分の1より大きな縮尺の地図作成は、写真測量よりも平板測量のほうが精度よく実施できるため、つい最近まで平板測量で行われてきました。そののち、航空カメラを含めた測量機械や測量技術の進歩によって写真測量の精度向上が図られ、現在では大縮尺図でも写真測量です。

それでも、測定地点が明瞭な住宅地や土地区画整理地域などでの大縮尺図作成には、(電子)平板のほか、トータルステーションやGPS測量機を使用して、各地点の座標位置を現地で測量し、数値地形図データファイルとして整理する、現地主体の地形測量と地図作成が行われています。

平板測量などの地形測量は、全般的な精度が高いほかに、現地をくまなく調査するため、樹林下の情報も容易に得られ、写真測量では屋根のひさしにかくれてしまう**建物の正しい形**と、同じようにあいまいになりがちな、**土地区画の位置**が正しく測量できるといった利点もあります。

手間はかかるけど写真測量ではわからないところまで調べられるんですね

図 平板測量の方法

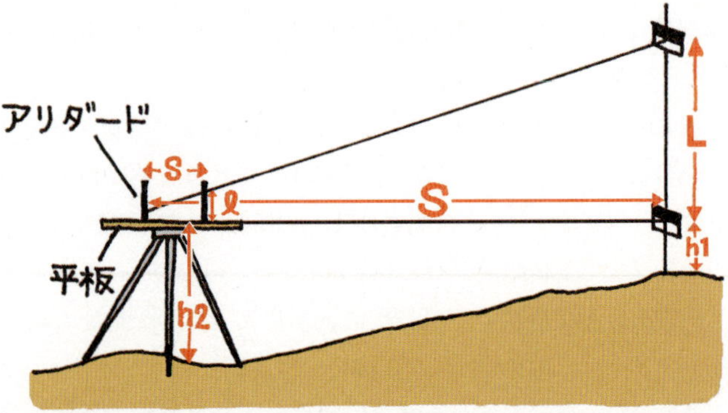

アリダード
s
ℓ
S
L
h1
平板
h2

アリダードでLの目盛を読んで距離(S)を求める。

$$\frac{S}{s} = \frac{L}{l} \qquad S = \frac{sL}{l}$$

アリダートの目盛(l)は、sの100分の1に刻まれて、計算しやすくなっている。もちろん、目標の目盛を読んで比高差を求めることもできる

古くさく見えても、こんな簡単な仕組みで、距離も高低差も測れるのよ
いまは電子的になっていますよね!!

図 平板測量による等高線描画

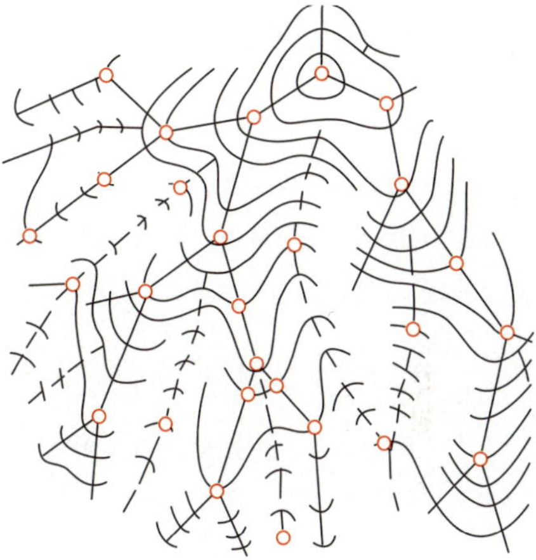

地形を見て尾根や谷の分岐を知るとともに、主要地点（○印）の位置と高さだけを求めて、その間に割り込むようにして等高線を描く

2 写真測量〜「標定点」を測量して基準点を補う

本題である「**写真測量**」に話を進めましょう。

写真測量による地図作成工程を一見すると、複雑な工程になっているように見えますが（178ページ参照）、平板測量と比べると現地作業の比率は減っています。精度が均一になり、コンピュータ支援の作業が増加して、技術者の負担はいちじるしく軽くなりました。各工程を、順を追って説明しましょう。

平板測量では、ほとんどすべての地上の基準点を利用し、現地測量で地図をつくりますが、航空機から写真を撮影して地図をつくる写真測量では、必要な場所にある一定数の地上の基準点だけを利用します。8km間隔の二等三角点、4km間隔の三等三角点は、のちの測量や地図作成などの基盤として標準的に設置したもので、個別の使用を満たすような密度と配置ではありません。半島や海岸部、離島といった特殊な地域では、三角網として整備すべき地点と、地図作成として必要な地点には差があり、地図作成に十分な配置とはいえません。特に、基準点が1点しかない離島などでは、185ページの図にあるような回転が残って、そのままでは地図作成できません。

ちなみに、密度が高い四等三角点は、地籍調査の実施を目的として必要な地域に設置しているもので、全域に整備されているものではありません。

そこで、写真測量による2万5千分の1地形図をつくるためには、「**標定点**」などと呼ばれる、位置や高さの明らかな補助的な基準点を、さらに設置します。測量方法は、従来なら三角測量など、現在ならGPS測量が使われます。

補助的な基準点は、あくまでも簡易的なものなので、三角点のように、現地に立派な測量標石を埋めず、目印となる木杭などですませます。現在は、空中写真に明瞭に写る構造物や道路上のペイントなどを測量して利用します。これで、地図作成に必要な地上の基準点がすべて用意されることになります。

3 写真を撮っただけでは地図にならない!?

必要な基準点が用意されると図化しますが、その前に「空中写真」と「航空写真」の違いを紹介します。空中写真は「気球・航空機・人工衛星などから撮影した写真」と定義されます。となると「空中写真」は「気球写真」と「航空写真」、そして「衛星写真」などで構成されるのですが、そう堅苦しく考えるものでもありません。一般的には、「航空機などから航空カメラなどにより地表面を撮影した写真」を、空中写真とも、航空写真とも呼び

図 空中写真だけで地図をつくれないワケ

ありゃりゃ
ビルが傾いてるよ…
航空写真は
すべての場所を
真上から撮れる
わけではないんです

地図上では1点として表される小さな煙突も、空中写真上では、レンズの中心から放射方向に倒れて写ってしまうから、そのままでは地図にならない

ます。その違いは、**公の国土地理院では空中写真と呼び、民間の会社では航空写真と呼ぶ**といった程度のものです。

ところで、空中写真は地図と同じようなものなのに、どうしてそのまま情報を写し取る形で、地図として利用できないのか疑問に思いませんか？　その疑問はもっともです。そのままでは地図にならない理由を考えてみましょう。

地図は、どの場面でも真上から見た風景であり、どの場所でも縮尺が一定です。対象物に平行光線を当てて基準面に用意されたフィルムに写した風景です。これを**正射投影**といいます。

ところが、空中写真は「レンズの中心」という1点から地上の風景を写した**中心投影**です。そのため、**周辺部では像が倒れ込む**

とともに（倒れ込み）、レンズ中心から対象物までの距離が異なる場所では、同じ縮尺になりません。このままでは、とうてい地図にならないのです。

Webの地図はなぜ高層ビルが傾いている？

空中写真に写っている像の倒れ込みはレンズ中心からの距離に比例し、縮尺は標高に比例して山頂ほど大きな縮尺になります。

アナログの空中写真を地図と同じ、すなわち正射写真とするには、カメラやレンズの諸元（焦点距離など）のほか、標高データを使って空中写真画像の倒れ込みを補正し、ごく細かい部分ごとに基準面上の大きさ、つまり縮尺が同一になるようにフィルムへ焼きつけなければなりません。こうした中心投影から正射投影への変換を正射変換といいます。また、正射変換した写真を正射写真（オルソフォト、オルソ画像）と呼びます。

このような作業を（デジタル的に）してできたのが、「Google マップ」など、Web上の地図と重ねて見られる写真です。ところが、写真を注意深く見ると、ビルの側面が写るなど倒れ込みが残っているのに気がつくでしょう。地図とも完全には一致していません。こうした写真は、簡易的に処理した正射写真です。ということで、中心投影の空中写真から正射変換したデータを取りださなければ、地図は作成できないのです。

4 三角点に白い目印「対空標識」をつける

地図をつくるために、空中写真と地上との関係を明らかにします。そのためには、地図作成区域を撮影した空中写真に、正確な位置がわかっている一定数の基準点が写っていることが求められます。しかも、地域の四隅に近い位置にあるなどよい配置でなけ

図 2つの平面を関連づける方法

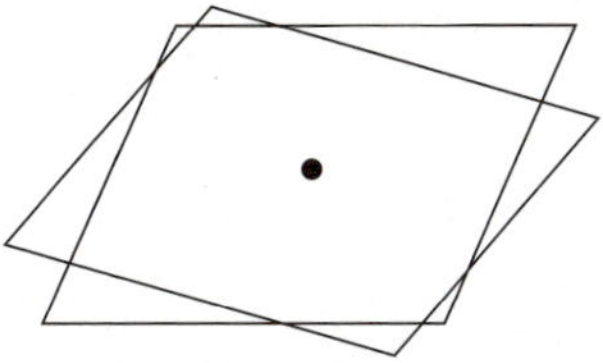

基準点（X座標、Y座標、Z座標が明らかな点）が1点だけでは、同一平面にあっても左右・上下に回転し、縮尺も合わせられない

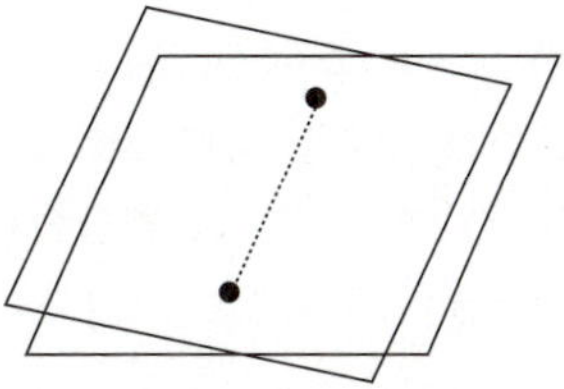

基準点が2点でも、左右の回転はなくなるが、上下には回転してしまう

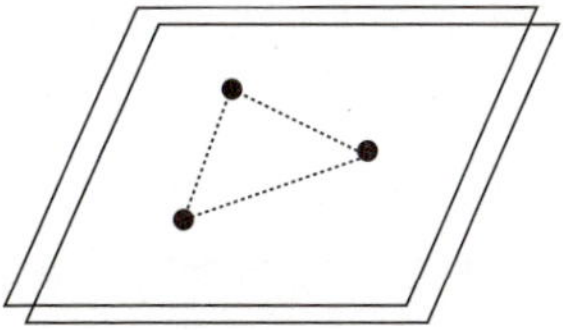

つまり、基準点が3点以上なければ、2平面は一致しない。基準点が1点しかない離島などでは、標定点を1点新設し、これに高さだけが明らかな海面を使用して最低限の条件を満たす

ればなりません。

上の図を見ればわかるように、写真撮影した地図作成区域が、1枚の板でできていると考えると、ある平面とほかの平面を関連づけるには、X座標、Y座標、Z座標が明らかな、3点（誤差を取り除くには4点以上）の基準点が必要になります。

しかもこれは、空中写真からなる地図作成区域を「1枚の硬い板」と考えた特別な場合です。実際の同作成区域は「複数の写真をつないだ、やわらかい板状のもの」と考えられますから、ねじれがでないように区域全体の広さと形に応じたバランスのとれた基準点の数と配置が必要になります。

写真に三角点標石を写すワザ

空中写真上に三角点の位置が明示されると、地図作成の手がかりができます。しかし、少々の細工がなければ、約20cm四方の小さな測量標石が空中写真に写る見込みはありません。そこで、**対空標識の設置**といって、測量標石の周囲に下図のような、光が反射しやすいように白色に塗った板を配置する細工をして、空中写真に写すのです。

もちろん、白色に塗るのは、**ハレーション**（反射率の高い平面に強い光が当たると、写真上では周囲が白くぼやけて実際よりも大きく写る現象）が起きるのを狙っています。三角点標石の周りに、撮影される写真の縮尺に応じた大きさの飾りをするようなものです。

ただし、対空標識を設置した三角点の上空が開けていなければ、写真に写りませんから、場合により周囲の樹木や枝を切ります。それでも対応できない場合は、三角点から離れた上空が開けた場所や、樹の上に標識を設置して、三角点との位置関係を測量します。

図 写真 対空標識と撮影された空中写真

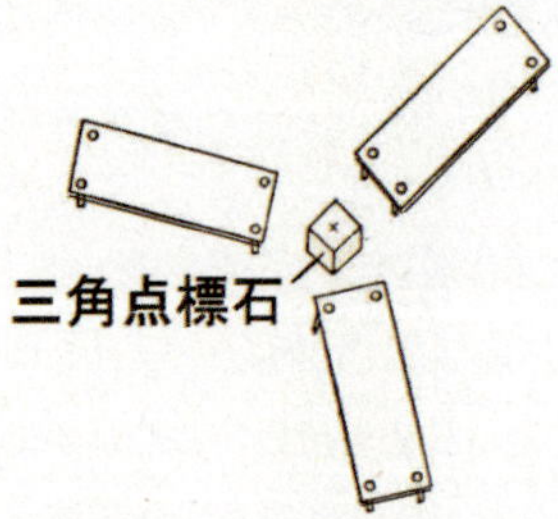

三角点標石などの周辺に置いた白色の標識は、右写真の三角形の中にあるようにごく小さく写る。最近では、円形の標識の使用や既存の構造物で代用する

空中写真は超高性能カメラが不可欠

対空標識の設置が終わると、いよいよ空中写真の撮影です。地図作成区域の上空に**雲ひとつない快晴の日**を待って、地図作成区域の上空を飛び、三角点に置かれた対空標識が写るように撮影します。

撮影に使う航空機の胴体の中央には、カメラのレンズやファインダーのための穴が開けられています。そこに装着される航空カメラは、従来はドイツやスイス製の焦点距離が15〜30cm、画角が23×23cmもある超大型のもので、使用するフィルムの長さにいたっては、なんと60mもありました。

地図作成のためには、基準点などの写真上の位置座標を正確に知らなければならないので、**あらかじめ焦点距離やレンズのひずみ（ディストーション）を明らかにする**とともに、ひずみはできるだけ小さなものとします。こうした性能のよい大型航空カメラを使用して、なおかつ次ページ以降で解説するような手順やしくみをもった空中写真でなければ、地図は作成できません。

写真　国土地理院の「くにかぜ」

国土地理院が保有する測量用航空機「くにかぜⅢ」。おもに空中写真撮影に使用する
写真提供：国土地理院

5 空中写真は雲ひとつない日に撮る

撮影は、高い山や高層ビルの影が少ない時間帯、池や水田の水などによる強い反射(ハレーション)の影響が少なく、水害や降雪などの特異な気象ではない日時が選ばれます。

また、あらかじめ計画した飛行ルートに沿って定速・水平飛行しながら、カメラの回転や傾きがなるべくないようにし、かつ、**横方向に約60%、縦方向に約30%といった重なりをもって撮影**します。この重なり部分のある2枚の写真(ステレオペアと呼びます)を利用して、図化(地図化)されます。

このような作業をする操縦士は、少々横風があるなどの気象条件下でも、計画的で安定した水平飛行を心がけます。同乗する撮影士や撮影助手といった技術者は、撮影の空白をつくらず、傾きの少ない写真にするために、操縦士と連携を取りながら、地形条件を考慮して、適切なシャッタータイミングで撮影します。このように、かつては写真撮影にも職人技が要求されましたが、図化で使用する機器が、アナログ図化機からデジタル図化機に変わり、これまで図化機の可動範囲と連動していたカメラの回転や傾きの制限も緩くなり、撮影と飛行が簡単になりました。

さらに2003年ごろから、フィルムに代わって大容量の記憶装置を備えた「**デジタル航空カメラ**」が実用化され、同時に航空機には「**GPS/IMU**」(位置座標計測/慣性姿勢計測装置※)という装置が装着されるようになりました。その結果、以下のようなメリットが生まれ、従来ほどは職人技を必要としなくなりました。私たちが、GPSつきデジタルカメラを入手した状態とほぼ同じです。

❶ シャッター間隔を自由に設定でき、自動で撮影できる

※慣性姿勢計測装置(IMU):「ジャイロスコープ」と呼ばれる、物体の角度や角速度を検出する機器と3方向の加速度計からなり、3次元の角速度と加速度を求める装置。簡単には、物体が空間にどのような傾きをもって位置していて、どのように進んでいるかを知る装置。カーナビゲーションシステムで、GPSが機能しないトンネル内部などでの位置把握や、ゲームコントローラなどにも使用されている

図 空中写真の撮影方法

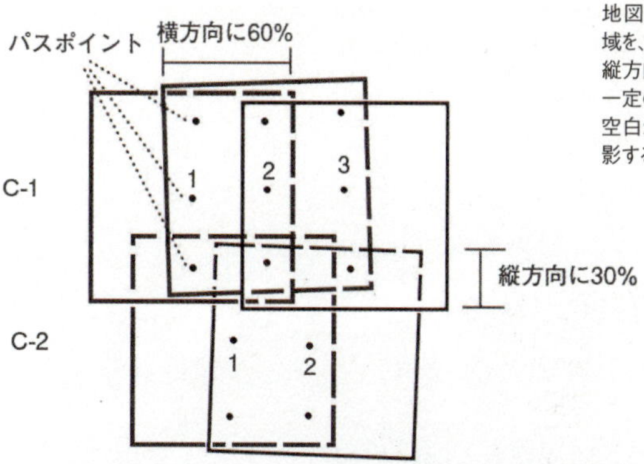

地図作成に必要な区域を、横方向に60%、縦方向に30%といった一定の重なりをもって、空白がでないように撮影する

写真 デジタル航空カメラ「RCD100」

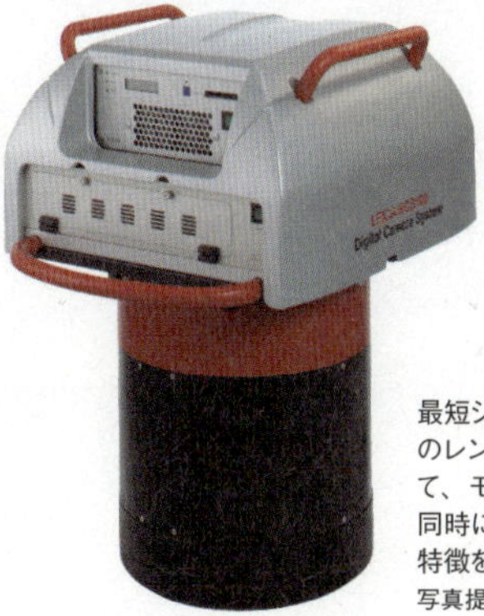

最短シャッター間隔が短く、複数のレンズとCCDが用意されていて、モノクロ画像と近赤外画像を同時に取得することができるという特徴をもつ

写真提供：ライカジオシステムズ

❷ 多数の写真から、都合のいい写真を選んで図化に使える

❸ 現像処理などが不要で、迅速に高精度な画像データを得られる

❹「GPS/IMU」の装着で、撮影時のカメラの位置と姿勢が正確に計測でき、後続作業が効率的にできる

写真 空中写真撮影の様子

国土地理院所有の測量用航空機「くにかぜⅢ」の内部。操縦席のうしろに航空機搭載用のデジタル航空カメラを装備している
写真提供：国土地理院

6「空中三角測量」で写真上にも基準点をつくる

写真測量による地図作成では、平板測量に比べれば、ごく少ない地上基準点を使うだけで十分です。そして、必要な地上基準点数が4点以上になることは前述しました。ところが、対空標識を設置した基準点の数は、撮影区域を1枚の平板なものと考えたときの必要十分な量で、複数の写真で行う図化(地図化)を満足させる量と配置ではないのです。そこで数学の力で、地図作成に必要な多くの基準点を写真上に設置します(**空中三角測量**)。

図化は、**図化機**と呼ばれる機械を使用して、重複した2枚の平面の写真である「**ステレオペア**」から、地上と関連づけられます。そして、その風景をそのまま表現したステレオモデル(立体モデル)をつくり(**標定**といいます)、ステレオモデルを観測して地図にします。ステレオペアの写真から、図化に必要な地上と関連づけられたステレオモデルを図化機内につくるには、撮影時のカメラの傾きを正確に再現する必要があります。そのためには、「**パスポイント**」と呼ぶ基準点がさらに必要になります。

撮影時のカメラの傾きを知り、**パスポイントを写真上に増設する作業を前述の空中三角測量といいます**。パスポイントは、位置と高さが明らかな点で、空中写真1枚ごとに3点以上つくりますが、それは、写真上の画像の明瞭な地点を選んで位置と高さを求めるのであって、現地に設置するのではありません。

実際の作業は、デジタル図化機などを使って、**対空標識の設置された地上基準点と、パスポイントの位置座標を複数の写真上で正確に測定**します。そして、基準点の地上座標と焦点距離などのカメラの諸元をもとに、コンピュータとソフトウェアによって、パスポイントの地上位置座標を計算で求めます。

と、ここまでは、従来の作業方法です。

7 カメラの座標と傾きがわかる最新機材

航空機に装着されたGPS/IMU（位置座標計測／慣性姿勢計測装置）の登場で、撮影時のカメラの位置と姿勢が簡単に計測できるようになり、空中三角測量の工程は、大きく変わりました。

GPS衛星にもとづいて求められたレンズ中心の位置は、地上の三角点と同じように地球重心を原点とする座標として得られ、空中写真と地球との対比が可能になります。

空間上のカメラの位置（レンズ中心）がわからなかったこれまでは、図化の前段階として、空中三角測量のため、撮影地域内で、位置と高さが明らかな4点以上の地上基準点に対空標識を設置してきました。しかし現在、要求精度によっては、地上基準点への対空標識の設置をごくわずかにできるようになったのです。

また、GPS測量技術の進展で、既存の三角点に対空標識を設置するよりもむしろ、撮影区域の周辺部など、地図作成のために都合のいい場所にある、路面標識や建物の隅などの写真上で明瞭な構造物の位置を、GPS測量で求め、地図作成のための「**地上基準点**」（GCP：Grand Control Point）とするほうが便利になりました。地図作成のために必要な三角点と同等の基準点を、手軽につくってしまうというわけです。ということで現在は、地図作成のための既存の三角点は、ほぼ不要になりました。

なお、図化のために空中写真を標定するということは、撮影カメラの空間上の位置を決めるということです。ところがGPSとIMU（慣性姿勢計測装置）によって、カメラのX座標、Y座標、Z座標軸方向の傾きが明らかになります。こうなると、従来アナログ図化機でしていた、ステレオペアの写真から地上と関連づけるという標定（ステレオモデルの作成）が苦もなくできてしまうわけです。

図 ステレオモデルのつくり方

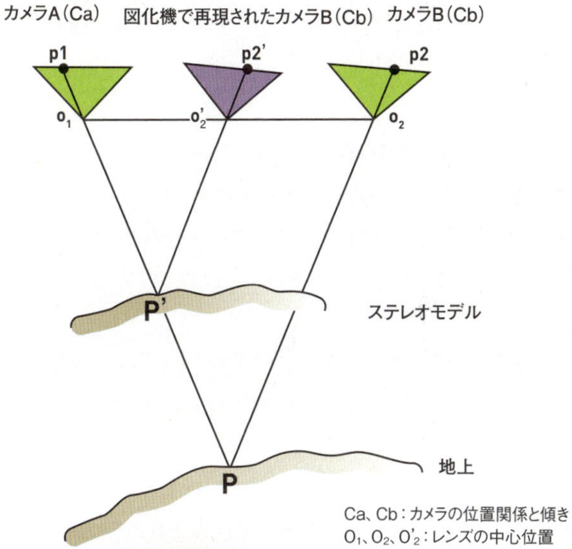

カメラAとカメラBで空中から地上を撮影する。そのときの両カメラの位置関係と傾きを図化機で「Ca」(カメラA)、「Cb」(カメラB)のように正しく再現して、撮影した空中写真を投影すれば、地上を縮小したステレオモデルをつくれる。このとき「GPS/IMU」などによって、あらかじめレンズ中心位置「O_1」「O_2」と、カメラの傾きを明らかにできれば、このステレオモデルを簡単につくれる

8 空中写真を使ってステレオモデルをつくる(図化)

「一定の重複があり、パスポイントが用意されている」「カメラの傾きが正確にわかっている」など、地上の風景と関連づけるためのデータが用意された空中写真を使用して、いよいよ地図を描きます。

図化機には、顕微鏡の先にある平面の写真から、地上の風景を再現した模型である、ステレオモデルをつくるしくみがあります。地上を正確に縮小したモデルから読みとった水平位置や高さは、地球上の経緯度(あるいはX座標、Y座標)と標高に対応します。

測定のための「**ポインター**」(メスマーク)には、顕微鏡の先で浮き沈みするしくみがあって、任意の地点の標高も測定できます。たとえば、標高110mにセットされたポインターを、ステレオモデルの傾斜地に接着させて、浮きも沈みもしない地点を見つけてたどれば、110mの等高線がプロッタに描かれます。

しかし、**現在はデジタル図化機の時代**です。デジタル図化機では、アナログ図化機のように空中写真を機械にセットしません。写真画像をスキャナーでデジタル化したデータ、あるいはデジタル航空カメラで取得したデジタルデータをそのまま使います。**アナログ図化機が行っていた地上の風景を関連づける標定は、ほとんどすべてコンピュータとソフトウェアがします**。

地図技術者は、左右の写真データから計算処理してできたディスプレイ上のステレオ画像を偏光メガネなどで観察して、地表面の凹凸である「地形」と、地表などに存在する人工物や自然物の「地物」のデジタル地図データを取得します。

ところで、こうした図化を自動的にする技術はないのでしょうか?　左右の写真から、同一画像を自動的に抽出する「**ステレオ**

写真　アナログ図化機(奥)

重複して撮影された2枚の写真を左右の架台にセットする。続いて、レンズ中心を軸としたX座標、Y座標、Z座標の3方向の傾斜を補正するネジを操作して、空中写真撮影したときのカメラの傾きを再現し、パスポイントなどをもとにして、地上を正確に縮小したステレオモデルをつくる。このステレオモデルを観測してハンドルを操作すると、図化機本体と連結された「プロッタ」に用意された描画装置が連動して、図形が描ける。写真奥は筆者

写真　デジタル図化機

描画のためのハンドルこそついているが、なんの変哲もないコンピュータそのもの。ディスプレイに映しだされたステレオモデルを観測して、データを取得する

写真提供:国土地理院

マッチング」という技術があります。理論的には、この技術を使えば、地形・地物にかかるデジタル地図データを自動で図化（取得）できます。

しかし、砂漠や植物の少ない高山地ならともかく、国土の多くは、さまざまに土地利用されており、地表は多種の植物に覆われています。さらに市街地は、複雑な構造物で埋めつくされていますから、左右の写真画像から自動的に同一地点や物体を正しく識別するのは難しく、実用化は進んでいません。

9 どうして立体に見えるのか？

図化機に重複した2枚の写真を用意し、撮影時の傾きを再現しただけで、どうして地上を正しく縮小したステレオモデルが見えるのでしょう？　ふだん、私たちが種々の物体や風景を見て、立体的に感じるのは、次のようなしくみが体に備わっているからです。

左右の離れた位置にある目（やレンズ）を通して、遠近のある物体（P、P_1）を見ることを考えます。両眼から同じ距離にあるPとP_2の交角（両眼の視軸がつくる角度）は、いずれもνで等しくなります。Pよりも近い位置にあるP_1の交角は、$\nu + d\gamma$となり、$d\gamma$だけ大きくなります。**この$d\gamma$がPとP_1の遠近（奥行き）を表します。**

また、PとP_1の関係を、左右の網膜（スクリーン）上の凝視点（F'、F"）からの位置関係に置き換えてみると、左目では（F' P_1'）、右目では（F" P_1"）となります。この、（F" P_1" − F' P_1'）＝Pxを「**視差**」（視差々）といいます。すなわち、遠近感のある2地点の両眼網膜上の長さは、異なるものになります。私たちの脳は、こうした視差をもとにして、奥行きのある物体として認識します。

図 どうして立体に見えるのか

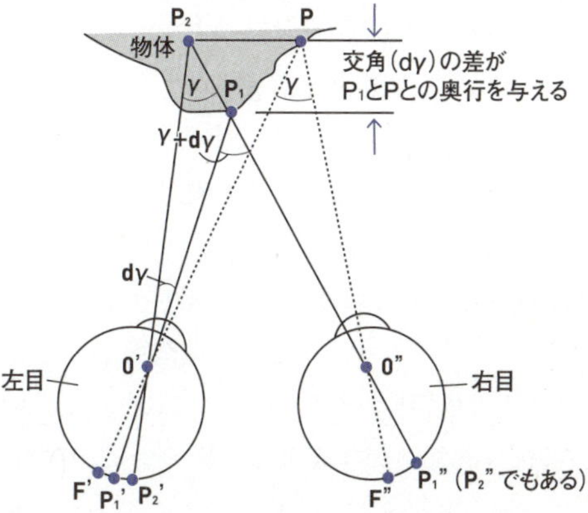

遠近がある物体は、左右の目の網膜上(スクリーン)に、異なる長さの像として映る

図 交角を実感する

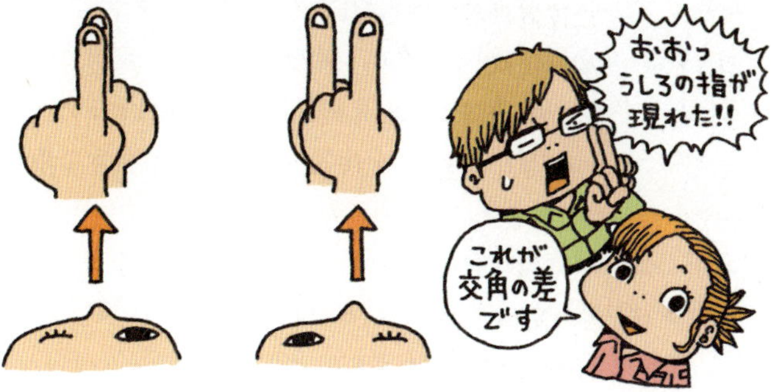

左右の人さし指を立てて、左目を閉じ、右目だけで2本の指を1直線に並べる。続いて、右目を閉じ、左目だけで人さし指を見ると、うしろに隠れていた人さし指が見える。この左右の目がつくる「交角」の差が遠近感を与える

となると、**物体の遠近感に応じた視差のある像を2枚作成し、これを左右の網膜上に別々に映すことができれば、立体感が得られる**はずです。地図作成のためには、あたかも巨人が上空から地上を見下ろすように、航空機に載せられた航空カメラを使用して、異なる2地点で空中写真を撮影します。写された2枚の空中写真には、凹凸のある地上の風景が視差のある像として記録されているはずです。

これを左右の網膜上に映す役割をするのが**図化機**です。2枚の空中写真を2つの架台にセットして、顕微鏡でのぞくと、地上を縮小したステレオモデルができあがり、これをもとに図化します。

また、訓練された地図作成者は、机の上に、次ページの写真上のような2枚の写真を平行に置いて、右目で右写真の像だけ、左目で左写真の像だけを観察しただけで、ステレオモデルを見ることができます。これを「**肉眼立体視**」(**肉眼実体視**)といいます。肉眼立体視を少し容易にするためには、2枚の写真の間についたてを置く方法や、「**実体鏡**」と呼ばれるメガネを使います。

あるいは「**余色立体視**」といって、**余色**(色相環の正反対に位置する関係の色)である青色と赤色を利用して、立体視する方法もあります。これは、右写真の像を赤で、左写真の像を青で重ねて印刷し、これを右が青、左が赤に塗られたメガネでながめると、余色が左右の像を強制的に振り分ける役目をして、**右目からは右写真像(赤)だけが、左目からは左写真像(青)だけが取り込まれて、立体視**できるという方法です。

類似の技術としては、左右の目に片方の画像だけしか取り込まれない**偏光メガネ**を用いる方法などがあります。これらの方法なら、誰もが容易にステレオモデルが見えるでしょう。

さらに、最近発売が開始された立体テレビは、左と右の画像にあたるものを、すばやく交互に画面に映しだし、これを左右それぞれの画像だけ取り込むしくみをもったシャッターつきのメガネで見るといったものです。

写真　立体画像

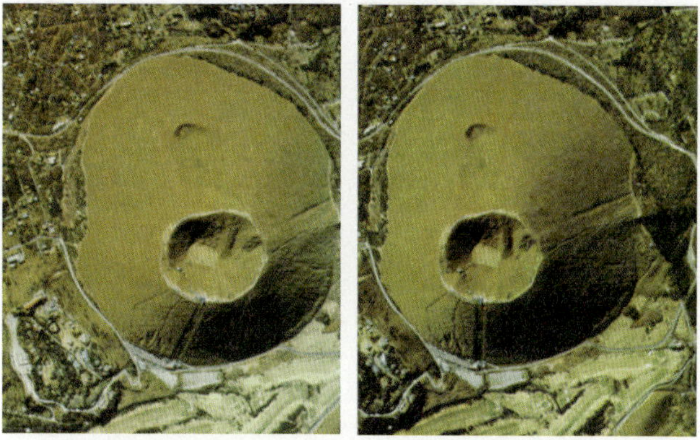

異なる地点から撮った「大室山」の空中写真は、同じ山の斜面であっても、異なる長さに写っている。これを左右の網膜に別々に写せば立体的に見える

出典：『カラー空中写真 判読基準カード集』国土地理院/著（建設省国土地理院、1978年）

写真　余色画像と余色メガネ

左右の写真を青と赤でプリントし、赤色（左）と青色（右）のメガネで見ることで、左右の目にそれぞれの写真像が振り分けられて取り込まれ、立体像が浮かび上がる

出典：『国土基本図の概要』パンフレット（国土地理院）

10 見えない森林の下も想像して描く

地図作成者は、図化機の双眼になった顕微鏡の先に見えるステレオモデルを観測し、ハンドルを操作して、道路も川も、四角い建物も、円形の建物も描きますが、それらしく描けるようになるには、数カ月の訓練が必要です。正確さに加えて、美しく描けるようになるには、さらなる熟練が必要です。**いい等高線を描くには微妙な立体感が必要**だからです。

「ステレオモデルの傾斜地に接着させて、浮きも沈みもしない地点を見つけてたどれば、等高線が描ける」と書きましたが、日本の耕地や山地の多くは、緑などにおおわれていて、地表が見えません。おおわれているのは、耕地や山地だけではありません。平地や都市でも、高速道路や高層ビル、住宅地が広がっていて、本当の地表は簡単には見えません。

図化機には、その点での細工はなにもありませんから、見えるのは樹木や建物におおわれた地球の姿だけです。それでも、地図技術者は、なにもなかったように地表面を表現した等高線を描きます。

地図技術者は、**地表面が明らかな地点から推測して、20m以上もある樹林地の中でも、10m間隔の等高線を描いていきます**。本来あってはならないのですが、樹林の深いところや急傾斜地では、等高線が交差する場合もあります。しかし、そこは後処理で整理してしまいます。これは「**等高線の編集**」といいます。

樹林の高さに影響された、見えたままの表現だと、熟練した先輩に「これでは、どう見ても水が流れない」と強くいわれることもあります。谷と尾根で構成される地形についての知識をもとにして、森林下の等高線を想像して描くのも、現地の地形らしく編集するのも、地図技術者の技なのです。

図 等高線が編集された地図（上）とほぼ図化で描かれた等高線のままの地図（下）

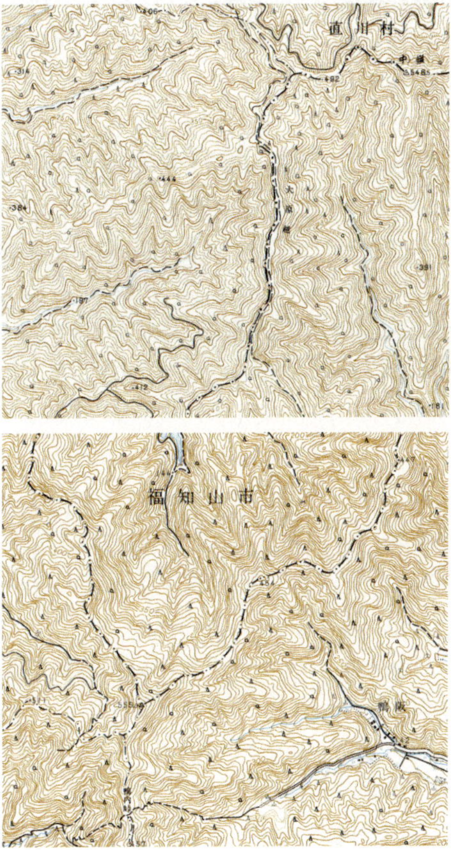

写真測量が本格化した当初は、平板測量時代の技術者からの写真測量図化に対する評価が低く、図化素図（最初に描かれた図）の等高線をかなり編集して世にだした。しかし、そののち、「見えたまま、観測したままを表現しよう」という機運が高まり、等高線のもつれや交差といった、矛盾だけを取り除く程度の編集をして、発行するようになった。2万5千分の1地形図「重岡」（1964年測量、上）、2万5千分の1地形図「黒山」（1971年改測、下）

その点では地図の中に、ちょっと「うそ」も混ざっていますが、全体としては決められた誤差の範囲となっています。なお、決められた等高線の精度は、等高線間隔の2分の1以内です。2万5千分の1地形図なら等高線間隔は10mなので、精度は平均的に5m以内（標準偏差）となります。

11 「写真判読」という職人技と「現地調査」の意義

地図作成のために、現地の調査がまったくいらないわけではありません。図化によって情報を正しく取得し、いい地図を完成させるには、位置や高さを正確に知る技術とともに、**空中写真に写っている画像がなんであるか**を、見分ける必要があります。

対象物が、道路か、鉄道か、建物か、田か、畑かという識別ですが、図化機の先にある写真だけから、すべてを知るのは困難です。これを補うために**現地調査**をします。このとき現地をくまなく歩いて、すべてを調査するのは効率的ではありません。部分を見て全体を知るのも大事なことです。

現地調査で使われるのが、空中写真に写っている画像が、なんであるかを見分ける「**写真判読**」という技術です。

地図作成技術者は、白黒の空中写真を読んで、たんに対象物を見分けるだけではありません。経験を重ねると、同じ耕作地であっても、麦畑、こんにゃく畑、果樹園、桑畑、植木などの樹木畑のように、詳細に見分けられます。

それだけではありません。そうした植生とその生育や分布、地形などを複合的に読めば、地形や地質、土壌さえも見分けられ、地図作成だけでなく、土地利用調査、土地分類調査、森林調査、地質調査、探鉱などにも活用されます。

そのためには、地形学、地理学、森林学、気象学、地質学といった、判読すべき項目に関連した広範な基礎知識とともに、立体視技術が必要になります。主題図をつくるには、こうした高い技術が不可欠です。これが写真判読という技術です。

いまは、カラー空中写真が主流ですから、図化し、現地調査して地図をつくるだけなら、高い判読技術は不要に思えますが、そうはいきません。確かな地図づくりにも、写真判読は不可欠です。

よい写真判読をするには、まず写真が「いつ」「どこで」撮影され、「縮尺はどれほどか」といった、空中写真の基礎的な情報を知っておく必要があります。同時に「リンゴの南限は長野県で、ミカンの北限は北関東」といった、地理的な知識も必要になります。このような知識や資料を基礎として、写真に写っている画像の形、色調、陰影、パターン、そして「きめ」（濃淡などが表現する細やかさ）を判断材料として、写真を判読します。

立体視を使用した高さの情報が加わると、写真判読は一段と確かになりますから、地図技術者にとって肉眼立体視は必須です。

言葉では説明しにくいのですが、たとえば、白黒写真上で「**丘陵地と思われる地域の随所に、ややコントラストの感じられない灰色で、細かな筋状の影が見える面が広がり、立体視によって、高さが建物の軒ほどだとすれば、それはぶどう畑だ**」といった判断ができるのです。

そして、煙突、高塔、送電線といった地図記号で表現する小さな物体なども、写真判読を頼りに現地調査します。

写真の補足も現地調査の大事な役割

現地調査する理由は、こうした「それがなにであるか」を知る以外にもう1つあります。それは「**写真には表現されていない地図作成に必要な情報を調べる**」ためです。

まず、森林下やビルの影になった情報を補足的に調べて、図化に反映します。山や川といった自然地名、郵便局や警察署といった建物名称、そして居住地名といった地名全般や、地下構造物や市町村の境（行政界）についても、現地調査し、市区町村、電力会社や鉄道会社などで資料収集して、図化とそのあとの地図作成に反映します。

さらに、海岸線、河川水涯線は、満潮時や平水時のようすで表現する決まりになっていますが、空中写真をそのためだけに適したタイミングで撮影するのは効率的ではありませんから、現地調査で補わなければなりません。

満潮時の海岸線や河川水涯線は、現地での聞き取りや海岸・河川水涯線付近の岩場などについた動植物調査などで把握します。ダム湖面の平水時の水面標高は、資料で調査します。

森林下などの、人が歩ける程度の徒歩道は、これまでは歩測などを利用した、スケッチに近い調査をして空中写真の情報を補足してきましたが、現在では徒歩道のほか、海岸線や河川水涯線も、簡易なGPS測量で正確なデータが取得できます。

しかし、現在の地図に、GPS測量の結果がすべて反映されているわけではありませんから、ここにもちょっとした「地図のうそ」が混ざっています。

いずれにしても、どんなに科学が発達して、GPS測量によって未知点の位置精度が数cmで求められても、空中写真や衛星データの地上解像度が数cmになったとしても、**現地調査なくして地図はつくれません。**

あるとき、集落の中にある、その地方独特の工場群を発見し、表現したことがありました。そのきっかけは、機織りの音であり、柿渋（防腐剤や紙に塗って染色の型紙とする）の匂いでした。地

写真　現地調査の結果を整理した空中写真

室内でする写真判読だけでは明らかにできない道路の幅員、建物名称、植生、地名、行政界などを現地調査して、空中写真に整理する

図作成者の現地調査は、写真で表現されているなかから不明な地物などを選びだして調べるばかりではなく、生活する人々の活動のなかから地図に表現すべき重要な地物を探しだす作業もあるのです。

ここまでは空中写真を利用して、上からの視点で地図作成にあたってきましたが、現地調査は、**地図利用者と同じ横からの視点で風景を観察**して、重要なランドマーク（目標物）を表現するなど、わかりやすい地図にする役割もあります。

12 地図はかならず「地形図図式」に従う

ここで、地図の決まり「**地形図図式**」(以下、図式) について、簡単に整理してみましょう。ここまで実施してきた現地調査や図化と、こののち行われる編集、製図といった工程でも、地図表現上の決めごとは、すべて図式と呼ばれる規則に従います。

図式には、なにが書かれているのかというと、どのような投影法と地図の区割りを使用して、1枚の切り図とするかといった「**地図の規格**」、なにを表現して、なにを表現しないか、どれほどの移動 (転位) を許すかといった「**表示の原則**」、対象物をどのような記号で表現するかといった「**地図記号**」、地名や建物などをどのような種類と大きさの文字で表現するかといった「(文字) **注記**」、そして最後に、紙地図の外側に表現される「**整飾**《せいしょく》」と呼ばれる、地図説明や凡例の内容などが決められています。

日本の図式と地図記号は、当初、ヨーロッパの技術を模範としてはじまりました。そのため、ぶどう畑や水車、泥炭地といった、日本ではあまり見られない地図記号もありましたが、次第に整理されて日本的な記号になっていきます。地図記号の形は、当初、かなり手がこんでいましたが、温泉記号などに見られるように、のちに説明する**ペン製図**から**スクライブ製図**への変化で、描きやすさを重視した簡便な記号へと変化してきました。

そのほかに、地図の利用目的が軍用から一般利用へ変化したための変更と、社会の変化による変更もあります。司令部や軍港、兵営、憲兵隊など、多くの軍関係の記号のほか、和紙の原料となる三椏《みつまた》畑、塩田、塩やたばこの専売局といった記号が廃止され、保健所や高速道路、同料金所、図書館、博物館、老人ホーム、風車の記号が新設されてきました。小さな地図記号のなかにも、時代の変化が反映されているのです。

技術が大きく向上したデジタル時代ですが、現在の図式にも前述のような項目があり、**地形図に表現する対象物の選択と、表示方法を定めた図式の根本に変わりはありません**。ただし、現在では空中写真などから地形図のもとになる情報をデジタルデータで取得し、編集、加工します。Webでの公開のほか、紙地図や電子地図として提供する目的もありますから、その間の細かなデータの取得手順とデータフォーマット、データ格納形式、表示形式なども決められています。

図 明治期にあった地図記号

図 変化した地図記号

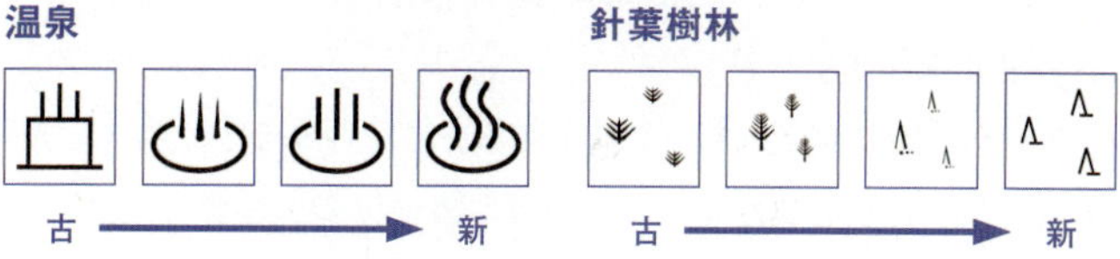

図 廃止された地図記号

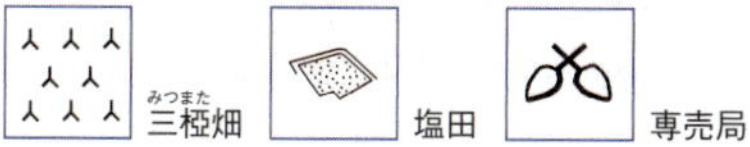

図 最近新しく決められた地図記号

13 地図データを編集する

アナログ時代は、図化の工程の最終成果は、縮尺化した以外に手を加えていない真位置で表現した線画です。これを「**図化素図**」と呼びます。

真位置とはいえ、縮尺に応じて表現できる範囲の地形や地物について、正しい位置に表現したのであって、たとえば密集市街地での個人住宅のように、すべてを表現できない地物や小さな凹凸は省略されています。その点で、後述するデジタル時代の真位置データとは、やや異なります。

さて、図化素図のままでは、製図して紙に印刷したとしても地図にはなりません。**たとえば、鉄道線路の実際の幅は1.067mですが、これを2万5千分の1に縮小すると0.04mmにしかなりませんから、図化素図では1本の線で描かれています**。最終的には、地形図図式に沿って、単線・複線のいずれであっても、実際の幅の10倍にあたる図上0.4mm幅の白黒模様の旗竿のような見やすい記号で表します。

鉄道や道路にかぎらず、主要な地物を地図の決まりに沿って「**誇張**」して記号表現（①）すると、周辺地物の位置を移動しなければならない場合もあります。これを「**転位**」といいます（②）。また、まったく表現できないために捨てる地物もあり、縮尺によっては10棟あるアパートを、7棟しか描かないですませることもあります。これは「**取捨選択**」といいます（③）。なお、市街の住宅密集地は、その範囲に斜線を引いてすませます。これは「**総合描示**」（④）といいます。

以上のように、図化素図に現地調査の結果を反映しながら、図式にもとづいてペンや鉛筆で整理する編集という作業をして、紙地図の土台をつくり、さらにペン製図をして、最終結果である

図 アナログ図化当時の図化素図と（鉛筆）編集素図

図化素図

編集素図

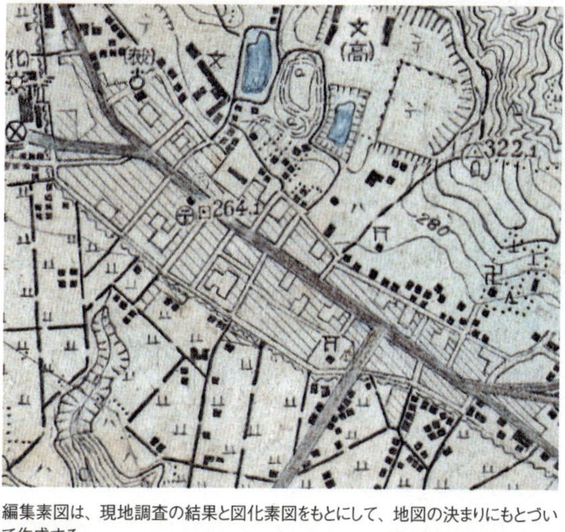

編集素図は、現地調査の結果と図化素図をもとにして、地図の決まりにもとづいて作成する

図 縮尺を同じにした2万5千分の1地形図と1万分の1地形図

2万5千分の1地形図

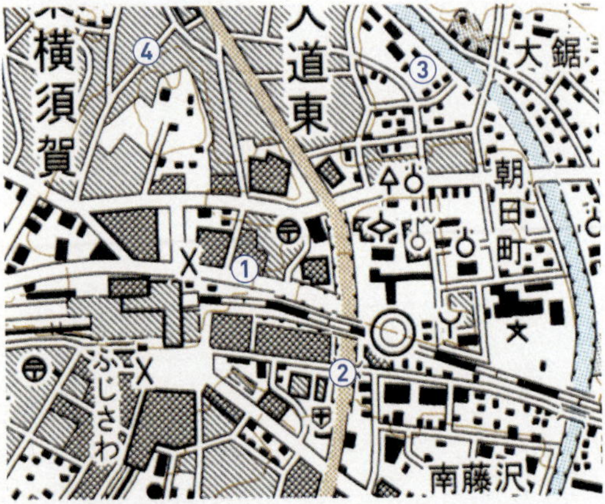

1万分の1地形図

2つの地図を見比べると、2万5千分の1地形図の次のような編集のようすがわかる。

①道路や鉄道は誇張されている

②誇張表現された道路周辺の建物などは転位している

③建物は取捨選択されている

④密集した建物は総合描示される

「地形図原図」とするのです。

そののち、1962年ごろからは、ペン製図からスクライブ製図という方法に変わりました。スクライブ製図は、ポリエステル系の樹脂へ不透明の膜を塗布したベースに、編集した地図画像を焼きつけ、記号部分の塗膜を針で削り取る方法です。色区分ごとに製図し、文字注記を反映して地形図原図を作成します。この地形図原図をもとに、印刷に使用する原版である製版をつくり、そして印刷工程を経て紙地図ができあがります。これが、従来の図化後の地図作成工程です。

デジタル時代の地図作成工程

デジタル時代となって、図化とそれ以降の地図作成工程はどう変わったのでしょうか？　数値（デジタル）図化の際、従来のような連続的なハンドル操作でのデータ取得は、等高線など一部の項目にかぎられます。

四角形の建物なら、対角にある2点の位置データを取得して、四辺は直角であるとして建物データにできます。道路も中心線と幅員データを取得して道路形状データとしたり、道路境界（道路縁）の点データを複数取得して、この間は直線であるとしたりして、道路形状データにできるでしょう。

もちろん、従来どおりランダムな曲線形の道路縁をハンドル操作で連続的になぞりながら一定間隔でデータを取得するなどして、任意の曲線の道路形状データにもします。ソフトウェア次第で、あらゆる可能性が開けます。このように数値図化では、従来の図化と編集作業の一部が同時に行われます。また、最終的に表現するかどうかは別にして、写真で識別できるすべての建物や道路データを取得することも可能です。

デジタル図化機のディスプレイ画面には、従来の図化素図と同等の内容を表示できますが、最終的にデータとして残されるのは、そういった地図画像ではありません。**位置と高さなどの数字だけでできている数値図化データに、道路、建物、等高線といった属性（分類コード）を与えて整理**し、保存されます。保存されるデータは、真位置のままの「**ベクタ形式**※」のデジタルデータです。真位置のままのデータとは、まったく転位していない、手を加えていない位置情報のことです。

階層的に存在する、高架道路とその下にある建物、橋とその下を流れる河川などの一部データを除けば、地上に存在する地物の位置データにほぼ重複はないはずです。数値図化では、道路、建物、河川といった地物の移動（転位）のない位置情報を取得・保存します。最終成果である「**数値地形図データファイル**」は、数値図化データに、主要建物の用途区分と名称、市町村の行政界、文字注記、写真撮影後の変化といった現地調査の結果を反映してできあがります。

ディスプレイ表示や紙地図として従来形式の地図を提供するには、数値地形図データに「誇張表示」「転位」「総合描示」「取捨選択」といった従来の編集をしなければなりません。これらの作業を「**数値編集**」といい、コンピュータシステムとソフトウェアが力を発揮します。

14 地図の修正に終わりはない！

以上のような工程を経て、なじみ深い紙地図やWebで公開されている地図が完成します。ところが、今日もどこかで市街地には再開発でビルが建ち、郊外にはショッピングモールが建設され、都市間を結ぶ新しい道路が開通しています。地上の風景は毎日変化しますから、地図はつくられた瞬間から過去の地球を表現したものになります。最新情報を届ける地図のつくり手は、休むことなく、いつまでも地図をつくり続けなければなりません。

現在の地図は、空中写真と既存の関連資料を使用して更新（修正）されています。過去には、変化の激しい都市とその周辺は3年ごとに、その周辺や地方都市では5年ごとにといった一定の時間をおいて、周期的に修正してきました。

しかし、ドッグイヤーと呼ばれる変化の早い時代にあって、このような長いスパンで修正したのでは、利用者に「地図の内容が古い」といわれてしまいます。とはいえ、地図に表現されているすべての項目を、リアルタイムに近い方法で修正、維持、管理するには多大な労力とコストがかかります。

そこで、つい最近までは、**一般利用者にとって重要な高速道路や国道、鉄道、そして大規模建築物などの項目だけは、変化後すみやかに修正する**方法がとられてきました。修正は、空中写真などを使用した写真測量、GPSなどの現地での測量、そして関連資料からのデータ取得などによって行われます。

一方、丘陵地や山岳地などの道路、一般小建物、植生、等高線など、重要度が低いと判断した地物と地形は、かなりの期間修正されませんから、地図の利用にあたっては注意が必要です。

これは、民間地図でも同じです。

民間地図では、利用者の重要度などを考えて、あらかじめ植生や等高線、小道路、小建物などをはぶいていますから、修正する項目は少なくなりますが、それでも全項目の修正、維持、管理は、大きな負担になります。利用者に不便をかけない範囲で、重要性の高い項目から順に修正しています。

※ベクタ形式のデータ：起点と終点がX、Y座標で表されるような位置データと、その間の線の種類や色といった属性とで表現されたデジタルデータのこと

Column

測量も命がけ!　測量技術者は危険な場所にもでかける

国土地理院は、ただ漫然と国土の地形図を作成しているわけではありません。国土の隅々まで、みずからの領土を明示した地形図を作成する重要な役割を担っています。関係国に対する国土の範囲の主張につながるからです。

ですから、**測量技術者は、定期船どころか、港湾設備もない無人島へもでかけて測量を行い、地図をつくります**。戦後の一時期アメリカ軍の軍政下にあった南西諸島や小笠原諸島、そしてさらに南にある硫黄島や南鳥島などの地図作成を、1952年以降に順次行いました。

そこでは、民間船舶を使用し、あるいは自衛隊艦船の支援を受けて現地に向かいます。無人島の沿岸では海図も不備でしたから、沿岸での停泊にも注意を払い、その後はゴムボートに乗り換えて、飛び降りるようにして岩場に上陸することもあります(逆に、泳いで離岸もあったようです)。

無人島のなかには、火山活動中の海底火山近くや、戦争中の不発弾が転がっている危険な島もあり、宿泊には、さびた銃が転がる洞窟を利用したこともあったといいます。

測量は、NNSS(Navy Navigation Satellite System)と呼ばれる人工衛星システムや天文測量をして位置の測量を、簡易的な潮位観測をしてから、高さの測量をしました。

このように国土をくまなくする地図づくりですが、残念ながら北方領土や竹島については、人工衛星データによる地図だけで、現地での測量は行われていません。

第6章

最新の地図作成技術に迫る!

6-1 航空レーザ測量で“スッピン”の地図をつくる

現在の地図は、これまで説明してきたように空中写真からつくられています。航空機から撮られた空中写真の地球の姿は、植物や構造物という“洋服”を着ているようなもので、なかなか素顔を見せてくれません。そのため技術者が地図の等高線を描くには少し苦労がありました。しかし、最新の技術を使えば地球の素顔も見られます。「**航空レーザ測量**」技術を使えば、**樹林があっても本当の地表の標高データを取得できる**のです。それどころか、地表をおおい隠している建物の高さや樹林の高さもわかります。

航空レーザ測量は、航空機あるいはヘリコプターに、カメラの位置と姿勢が正確にわかる前述のGPS/IMUとともに、「**レーザ測距装置**」を搭載します。このレーザ測距装置からレーザ光を発射して、地表などから反射して戻ってくる時間差を調べ、対象物の位置と高さを計測するのです。レーザ測距装置は、右の図のように進行方向に対して、横方向にスキャンして高さを調べるので、「**レーザスキャナ**」とも呼ばれます。レーザ測距装置とGPS/IMUによって得られる高さの精度は±15cmほどですが、位置精度は高さに比べてやや劣ります。

レーザ測距の特徴は、発射されたレーザ光が、樹木（樹冠）や建物の最上部に当たって反射するだけでなく、対象物の構造の異なる部分で反射し、最終的に地表からも反射して戻ってくることです。そのため、受信した反射信号の波形を解析処理することで、反射した各部の高さを求められます。なお、堅固な構造物の下は測定できませんし、波の静かな湖水などの測定も苦手とします。

この航空レーザ測量により、正確に標高データを取得できるようになりました。この標高データは、「**数値地図5mメッシュ（標高）**」「**基盤地図情報（数値標高モデル）5mメッシュ（標高）**」として、CD-ROMで公開されています。標高データから作成された**陰影段彩図**は、等高線が苦手な人にも詳細な地形が読めるすぐれものです。しかし、航空レーザ測量の標高データは、**火山基本図**といった一部の地図を除き、現在、公開・発行されている地形図には、まだ反映されていません。

図　航空レーザ測量の原理

街を歩いている
ボクの身長も
わかるんですかね？
さあ…
ファーストパルス
ラストパルス
A
B
反射信号の波形

1,000m上空の航空機から照射しても直径20cm程度にしか拡散しないきわめて指向性の高いレーザ光を発射する。樹木上、建物上、そして周囲の地表などから反射して戻ってくる光の時間差を調べて、正確な位置情報を知る。A波は地上に直接、B波は樹木に当たってから地上に到達している。右の反射信号はB波のようすを示していて、データ解析で樹上と地上の2つの位置、つまり樹木上の高さと、その間の高低差を求められる

参考：『やさしい航空レーザ測量の話し』国土地理院

図 航空レーザ測量で得られた等高線(左)と従来の写真測量による等高線(右)

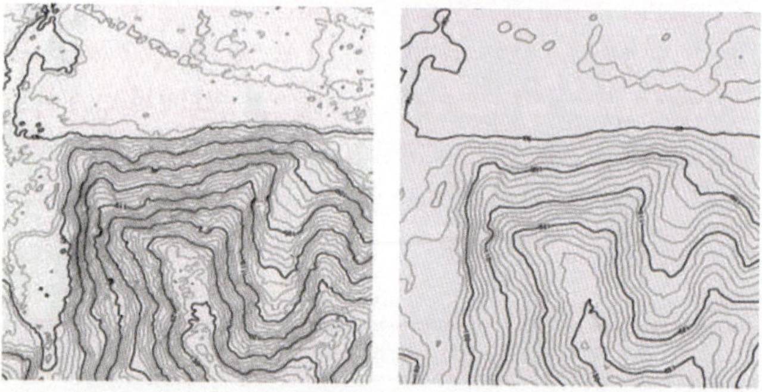

航空レーザ測量の技術で、どれだけ樹林に覆われていても本当の地表が表現される。航空レーザ測量で得られた左の地図は、従来よりも等高線が正確に記されている

図 数値標高モデルによる「陰影段彩図」と数値表層モデルによる「陰影段彩図」

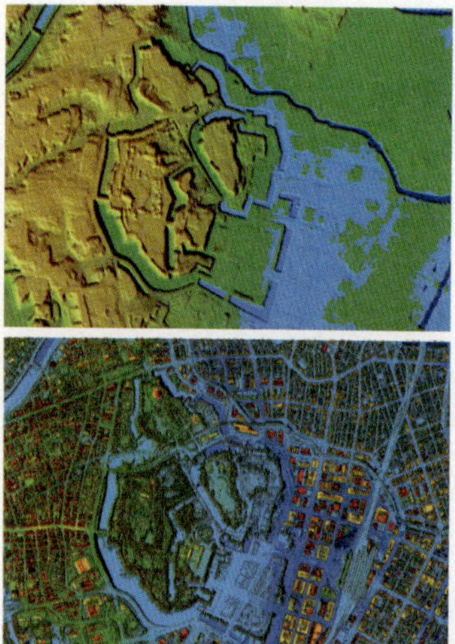

上は、建物や樹木の高さを取り除いて得た「数値標高モデル」(DEM:Digital Elevation Model)に、標高に応じて色彩表現した陰影段彩図。下は、建物や樹木の高さを含んでいる「数値表層モデル」(DSM:Digital Surface Model)に、建物や樹木の高さごとに色彩表現した陰影段彩図　写真提供:国土地理院

6-2 人工衛星データで世界の地図をつくる！

地図は、空中写真を使用して作成していますが、最近のニュースでは、偵察衛星が地上を走り回るトラックの動きさえもとらえているようです。こうした**人工衛星データ**から、直接地図をつくれないのでしょうか？　結論からいうと、熱帯雨林地域などの地図未整備地域では効果を上げていますが、日本における人工衛星データからの地図作成は、本格利用されていません。

人工衛星からの地上データ取得は、「**CCD**（Charge Coupled Device）センサ※」などにより行われています。人工衛星に搭載されているセンサは、地上の風景をレンズなどによって受光面に結像させ、その像の光の度合いを電荷の量に変換し、それを順次読みだして電気信号に変換しています。画像を電気信号に変換する際に「CCD」（電荷結合素子）が使われていることから、CCDセンサと呼ばれ、次のような利点があります。

❶ 広い範囲のデータを一度に撮影できる

❷ 周回する人工衛星から周期的にデータを取得するので、容易に時間変化した画像を得られる

❸ 高高度撮影のため、空中写真よりも、建物などの倒れ込みによる死角の少ない画像を得られる

❹ 災害など緊急時にも撮影できる

❺ データを取得する機器（センサ）を搭載した人工衛星（プラットフォーム）の軌道情報や姿勢情報が明らかなので、地図作成に使用する地上基準点数を減らせる

❻ 本土から遠く離れた地域などでも容易に撮影できる

しかし人工衛星からのデータは、上空を移動しながら地上を一

定幅でスキャンしたものなので、センサ固有の、そしてセンサの姿勢によるひずみがあり、そのままでは地図データとして使えません。地図データとするにはプラットフォームの姿勢情報などをもとに、ひずみを取り除く（幾何）補正処理などが必要です。

国土地理院では、日本が打ち上げて運用している陸域観測技術衛星「**だいち**」（ALOS：Advanced Land Observing Satellite）に搭載している、「**パンクロマチック立体視センサ**」（PRISM）の画像データを、一部の地図作成に使用しています。しかし、それは硫黄島、竹島といった空中写真撮影が困難な地域の2万5千分の1地形図の作成と、一部の地図更新にかぎられています。

人工衛星データを使った地図作成は、技術的に重要な課題はほぼありませんが、「だいち」から入手できるパンクロマチック立体視センサの地上分解能は2.5mしかなく空中写真の地上分解能（数10cm）に大きく劣り、細かな地物の識別もやや困難です。

最近では、アメリカの「**商業用高分解能地球観測衛星**」（IKONOS）のように、軍事偵察衛星の技術をもとに開発されたセンサを搭載した人工衛星が登場し、地上分解能が50cmから1mといった画像が容易に手に入りますが、関連情報の開示が不十分なので、どの程度の精度が得られるか検証しています。

同時に、**従来に比べてより正確に求められた位置・姿勢データを用いて正射投影補正した（地図と同質にした）オルソ画像**も提供されています。人工衛星データでつくられたオルソ画像から、線データを写し取るようにして地図更新データを取得するのは比較的容易ですが、オルソ画像だけでは高さの情報がないために、細かな判読がやや困難です。今後、地上分解能が高い立体画像が容易に手に入るようになれば、2万5千分の1地形図といった、中縮尺の地図作成や更新に本格的に利用できるはずです。

図　パンクロマチック立体視センサ（PRISM）からのデータ取得のイメージ

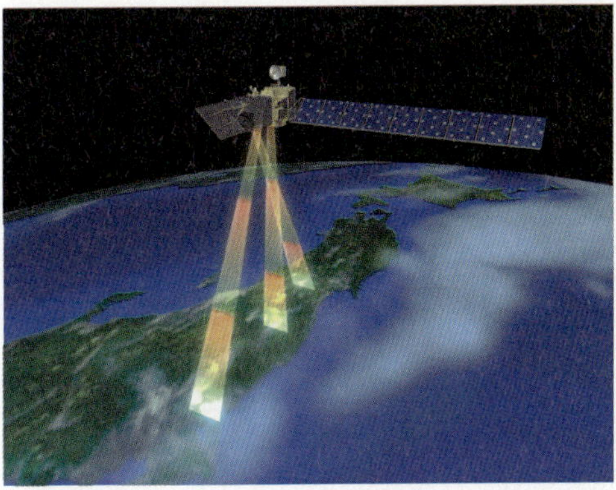

地形データを取得するために3組の光学系をもち、衛星の進行方向に対して前方視、直下視、後方視の3方向の画像を同時に取得する。直下視の地上分解能は2.5m

図版提供：宇宙航空研究開発機構

写真　パンクロマチック立体視センサが観測した富士山

下にあるパンクロマチック立体視センサの後方視、直下視、前方視の各画像を用いて高さの情報を抽出し、その上にパンクロマチック立体視センサ直下の視画像を重ね合わせて鳥瞰図にしている。なお、この鳥瞰図は高さを2倍に強調して表している

写真提供：宇宙航空研究開発機構

後方視画像

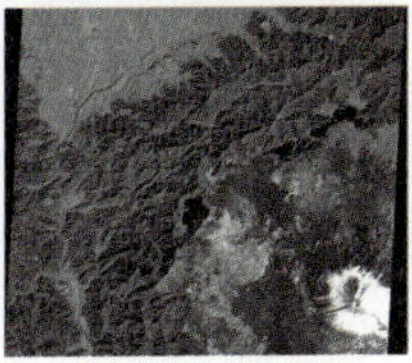

直下視画像

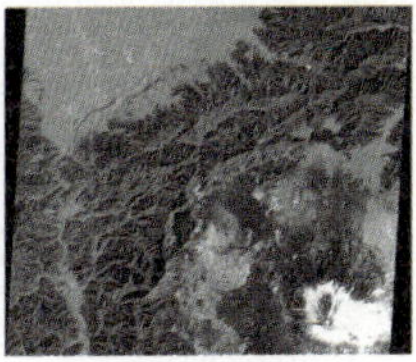

前方視画像

6-3 超音波で「海底地形図」をつくる！

陸は**地形図**が、海は**海図**がそれぞれの役割を担っています。それぞれが、国土地理院と海上保安庁海洋情報部（旧水路部）の手で作成されていることは、よく知られています。では、海図は、どのようにしてつくられるのでしょうか？　陸図となにが異なるのでしょうか？

現在の海図は、測量船などによって得られた測量データをもとにコンピュータ上で編集し、印刷・発行しています。当然、コンピュータ上の「電子海図表示システム」で操作できる「航海用電子海図」もあって、CD-ROMなどで提供されています。

海底地形の測量は、過去には、「**測鉛**《そくえん》」と呼ばれるおもりを海中に投げ入れる方法で、水深を測っていました。その後、湖底や海底の詳細な地形調査は、「**音響測深機**」が使われるようになります。現在は、最新の音響測深機で、測量船から水深データを取得します。

音響測深機から指向性の高い（特定の方向に強く電波をだす）超音波のビームを水面下に投射して、反射音が返ってくるまでの時間から、水深、つまり地形を測定します。これは「**マルチビーム音響測深**」「**ナローマルチビーム探査**」などと呼ばれます。

この技術によって、水面下の詳細なデジタル地形データが取得できるようになり、詳細な海底地形が次々と明らかになりました。また、ダム湖の地形測量や、ダム堆砂量の調査などにも使われて威力を発揮しています。水深測量は、点から面へ変わりました。必要があれば、地上と同じ程度の地形表現が可能になります。

こうした水深データと一体となる測量船などの位置データは、

図 ナローマルチビーム音響測深のしくみ

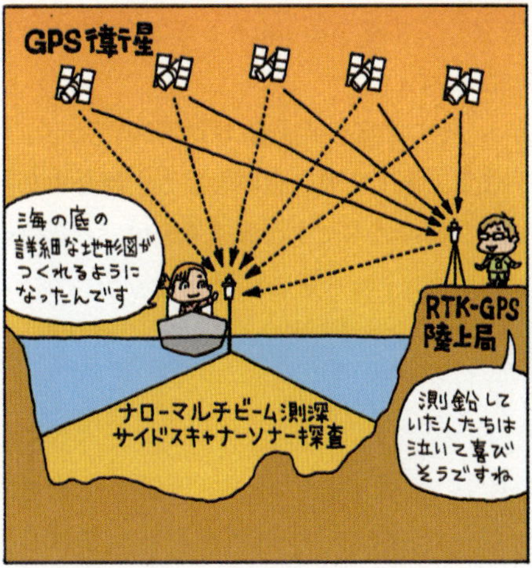

測量船の正確な位置は、GPS衛星などを使って測る。海底地形は、測量船から音響ビームを発射し、反射して帰ってくるまでの往復時間で測る

図 マルチビーム音響測深機による海底地形図

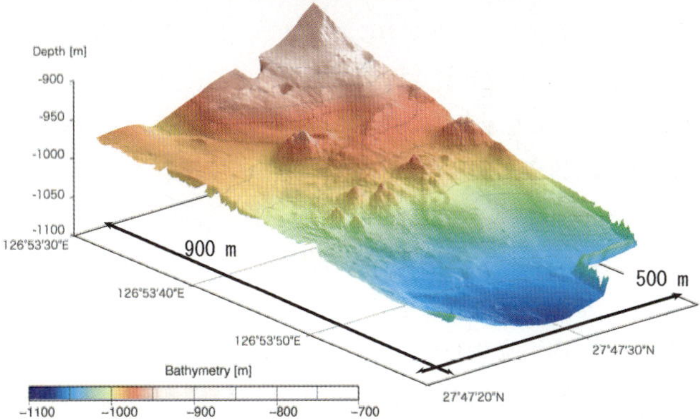

北伊平屋熱水噴出海域の海底地形図。深海巡航探査機「うらしま」のマルチビーム音響測深機の取得データからつくった高精度海底地形図の3次元表示

図版提供：海洋研究開発機構（JAMSTEC）

従来、ほぼ円を6等分した「**六分儀**」という機械で、太陽や北極星などの高度を測って求めたり、陸に近い海域では、陸上に設けられた基準点などを使って位置を測ったりしてきましたが、現在ではGPSが活躍しています。

なお、海図の陸部は、その必要性から陸の地形図に比べてやや粗いものになっています。海上交通の目標となる主要な山岳の形と高さなどが明らかならいいからです。海底地形は、水深測量の結果を反映した測量ポイントの**水深**と**等深線**《とうしんせん》で表現されています。

海図も世界標準に！

海図の世界も、これまで使用してきた日本測地系から世界測地系に変わりました。海上交通に支障が発生し、海難事故も心配されるという現実的な問題があったのです。

なぜなら、旧海図から得られる位置情報は日本測地系で、船舶位置はGPSを使用した世界測地系ですから、2つの位置情報を誤って使うと混乱が予想されたからです。2001年から対応が始まり、陸よりも早く開始されました。

ちなみに、海上保安庁では、国際基準にもとづいた「**100万分の1国際航空図**」などを刊行しています。航空図には、航空路や航空施設、航空目標など、航空機の運航に必要な情報が表示されています。

地上の地図から海底の地図、こうなると残るは地下の地図、あるいは地下街でのナビゲーションも実現したくなります。現在の技術であれば、地下街の地図をつくることは容易ですが、地上とともにうまく見せる地図には、私はまだお目にかかっていません。しかし、地下の歩行者ナビは一部地域でサービスが開始されています。位置情報などを発信する「無線ICタグ」といったものを地下街の壁などに埋め込んで、健常者だけでなく目の不自由な人への歩行支援を試みています。

図　歩行者ナビ

雨の日や日差しの強い日は「屋根のある道」、荷物が多くて階段などを避けたいときは「ラクな道」など、条件を選んで探索すれば、いつでも最適なルートを表示できる

図版提供：ゼンリン

写真　携帯できるナビ「みんなのナビ」

別売のGPSレシーバーを組み合わせれば、現在地表示や目的地までのルートガイドもできる

写真提供：ゼンリン

6-4 地図はIT社会を支える情報の基盤でもある

ここまで、おもに日本全土の地図作成を担当する、国土交通省国土地理院の地図づくりとその周辺を紹介してきました。しかし、国土地理院が、地図づくりのおおもとであることに変わりはないものの、地図をつくっているのは国土地理院だけというわけではありません。

国のほかの機関や各都道府県、各市町村(地方公共団体)などでも、測量会社に委託して地図をつくっています。各都道府県や各市町村がつくった図は、農業、林業、道路、下水、都市計画といった特定の目的のためであり、作成地域も国土の一部を対象にしています。

一方、国土に関する地図と関連情報が公開されているからこそ、身近なところではカーナビゲーションが発達し、Web上で自由に地図が見られます。もちろん、国や地方公共団体内部での地図の利用も進展しています。

最近では、国土の地図と空中写真やオルソ画像といった画像情報や、関連する位置情報なども、道路や鉄道などと同じように現在社会を支える情報の基盤(情報インフラ)の1つとして重要視する傾向にあります。

そして、地図データとそのほかの地理的なデータをコンピュータで処理、利用する「**地理情報システム**」(GIS:Geographic Information System)の活用や、国土の開発・保全、地域政策、防災、災害対応、地図作成・更新にも使われています。

地図と測量の周辺から、私たちの身の周りで起きている事象を見つめると、それはすべて地球上の位置とかかわりがあるといっても過言ではありません。

ですから、「できごとが、いつ、どこで、どれほどの広がりをもって起きたか」を正しく把握し、分析しようとすれば、地図や測量から得られた正確な位置情報が必要になります。

たとえば、「インフルエンザ患者が、どのような地域でどれほど発生し、どのように進行しているか」、あるいは「集中豪雨による土砂災害がどこで、どれほど起き、被害者はどれほどいたか」などといったテーマに沿って、位置を手がかりにし、関連した情報を加工し、ディスプレイなどで表示し、分析や判断を可能にするのが地理情報システムです。

図 インフルエンザ流行レベルマップ

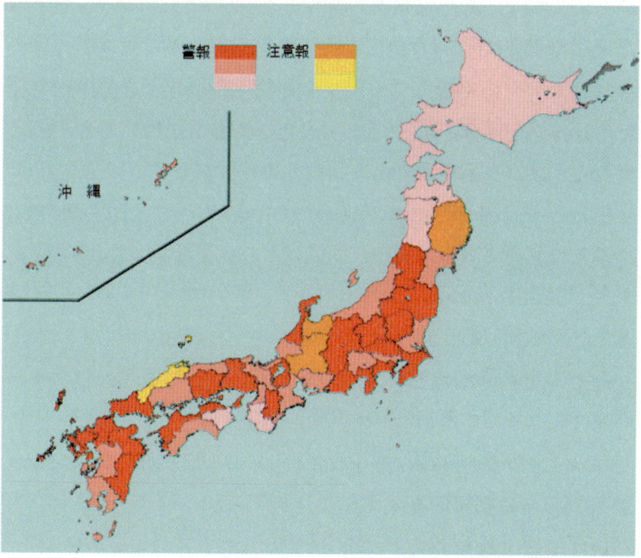

全国約5,000カ所のインフルエンザ定点医療機関を受診した患者数を週ごとに把握し、電子国土上に重ね合わせて表示したもの

図版提供：国立感染症研究所

デジタル地図と統計データとの連携で用途が広がる

いつ、どこで、どれほどなどを数値的に把握するためには、計測可能な地図と統計データが必要です。用意された地図は、距離、面積、体積などの空間の広がりなどを明らかにし、統計データは、人口、温度、所得などの物理量（数値など）を明らかにします。ただし、計測可能な地図とするには、たんにデジタル地図を用意するだけではなく、ちょっとしたしくみが必要です。

たとえば、任意の交差点間の道路延長を計測するには、個々の交差点が明らかで、その間の距離が計算できなければなりません。市町村別の面積を計測するには、市町村の領域が、閉じた多角形（ポリゴン）などで明らかになりつつ、市町村名と関連づけられていなければなりません。このように、**紙地図とは異なった整理が不可欠**です。地理情報システムでは、こうしたデジタル化された地図や測量で得られた位置情報を基盤として、複数の地図の重ね合わせや、地図上での位置や面積、距離などを簡単に計測できるほか、関連情報をもとにした計算処理も迅速にできます。

たとえば、表示されている地図から小学校をクリックすると、学校名と生徒数が明らかになるといったものです。それ以外にも、小学校で起きている事柄や、生徒はどこから通学しているか、どのような成績分布をしているかなど、学校や生徒、先生などに関連した情報を位置とともに集計・表示・分析できるといったものです。

国や地方公共団体では、道路や下水といった施設の管理や計画的な街づくりを進める都市計画、避難誘導や介護支援サービスといった分野での利用が進もうとしています。民間では、宅配便や一般商品の効率的な集配送を支援する配送管理、どこに、どんな規模の店舗や工場を展開すべきかなどを検討するエリアマーケティング、子ども見守りサービスなどの分野で利用しています。

図 エリアマーケティング分析

6歳未満の親族がいる世帯のうち、共同住宅に住んでいる割合を表示した地図

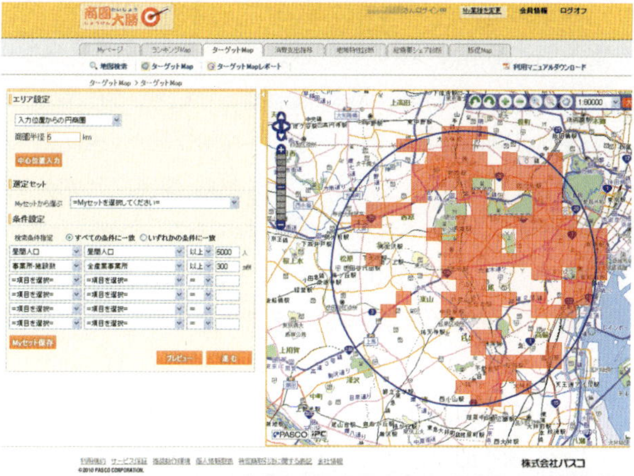

昼間の人口が5,000人以上で、300カ所以上の事業所があるエリアを表示した地図

画面提供：パスコ

6-5 「電子国土基本図」と「電子国土」

国土を統一した図式で体系的に作成している最大縮尺の地図を「(国の) 基本図」といい、「2万5千分の1地形図」がこれにあたります。そして現在、国土地理院は、「**電子国土基本図 (地図情報)**」という、新しい国の基本図をつくろうとしています。

電子国土基本図(地図情報)は、国、地方公共団体などがつくった2500～2万5千分の1までの地図からなる、全国土のデジタル地図データベースをつくり、維持管理・提供して、国や地方公共団体などが行政に、そしてWeb上の地図として利用しようとしているものです。ひと言でいうと、「日本中でつくられた地図を整理して、みんなで使えるものにしよう」という考えです。

電子国土基本図(地図情報)は、国土地理院のWebサイト(http://www.gsi.go.jp/)で試験公開されています。

この電子国土基本図(地図情報)は、これまでの2万5千分の1地形図では表現されていた送電線、記念碑、植生界、輸送管などの一部の項目が省略され、新たに踏切、高層建物、公園などの項目が表現されています。そのほか、橋、高塔・煙突、土がけ・岩がけなどの項目も、表現されない場合があります。電子国土基本図(地図情報)には、地図情報のほかに、「**電子国土基本図 (オルソ画像)**」および「**電子国土基本図 (地名情報)**」もあり、その一部もすでに整備、提供されています。

電子国土基本図(地図情報)は、道路や大規模建築物などの主要項目の変化に対しては、電子国土基本図(オルソ画像)や国および地方公共団体作成の地図や関連資料をもとにして、3カ月以内の修正・更新を目指しています。

図　電子国土基本図（地図情報）

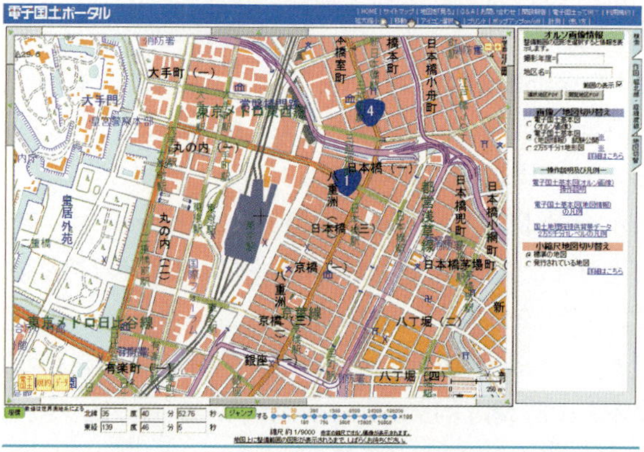

電子国土基本図（地図情報）は、縮尺レベル2万5000の精度に限定することなく、より精度の高いものを含んだ、国土全域をおおうベクタ形式の基盤データだ。これまでの2万5千分の1地形図に代わるものとして整備が進められている

写真提供：国土地理院

図　電子国土基本図（オルソ画像）

電子国土基本図（オルソ画像）は、空中写真を歪みのない画像に変換し、正しい位置情報を付加したものだ

写真提供：国土地理院

ユニークな地図もある「電子国土ポータル」

そして、国土交通省（国土地理院が事務局）が進めている「電子国土」があります。電子国土は、官と民の機関が、それぞれがもっている地理情報や関連する電子化された情報を、基本図や電子国土基本図からなるWeb上の国土に提供し合って、仮想の国土をつくりあげようとするものです。

集められた情報は、地球上の位置をもとに統合し、コンピュータ上で再現して、将来的にはシミュレーションや現況把握などに役立てることを目指した壮大な計画です。

参加者が、現実世界で起きている多くの情報を、仮想の国土に反映すれば、電子国土が現実の世界にかぎりなく近づき、いながらにして国土を詳細に把握できるはずです。

将来計画を電子国土の上に反映すれば、未来国土を視覚化でき、これに気象や産業・経済データなどを統合すれば、将来の環境や社会変化などを体感できるものになるはずです。

仮想国土にはやや遠いのですが、現時点では電子国土を実現する手段の1つとなる「電子国土ポータル」（http://portal.cyberjapan.jp/）が用意されています。

電子国土ポータルは、Web上に用意した背景地図の上に、地方公共団体などがもち寄った地理情報を重ね合わせて表示し、地理情報の発信を容易にするものです。背景地図を用意しなくても、情報発信者が地理情報を手軽に発信できるもので、国や地方公共団体のほか、特定非営利活動法人（NPO法人）などの民間団体も参加・利用しています。

ここには「地価調査地点マップ」「活断層データベース」「洪水ハザードマップ」「福祉マップを作ろう」、そして「クマ出没情報」や「オヤジまっぷ」といったサイトまで開設されています。

6-6 日本の測量・地図技術は世界にはばたく！

太平洋戦争後の日本の復興は、測量・地図整備を土台として進展しました。表舞台にはあまりでてきませんが、国土開発の計画・立案や道路・鉄道といった基盤整備のためには、測量基準点と地図の整備はなくてはならないものなのです。

発展途上国における測量・地図の重要性も同じです。国土地理院と測量・地図技術者は、発展途上国の地図整備と測量技術の向上のために、国際協力機構（JICA）を通じて技術協力しています。それは、地図作成整備事業、技術者の受け入れ研修、測量・地図分野の専門家派遣による技術移転や、技術協力プロジェクトへの支援などです。

1971年からこれまでに、日本の技術協力で作成した地図の面積は、約280万km^2。空中写真を撮影した面積は約190万km^2にもおよび、日本国土の面積を大きく超えています。もちろん、その成果は各国の経済発展に貢献しています。

一方、いま世界的な課題として地球温暖化に代表される地球環境の悪化が取りざたされていますが、地図の世界では、地球環境問題の解明のためのデジタル地図となる地球地図を整備する「**地球地図プロジェクト**」が進んでいます。

地球地図プロジェクトは、1992年に日本が提唱して組織化され、多くの国々が参加しています。現在までに、全世界と71カ国、4地域分の国別の地球地図が、そして全陸域をカバーする植生（樹木被覆率）および土地被覆データが完成し、Webで一般提供されています。

この地球地図の整備は、森林の減少、砂漠化の進行、海面上昇の影響評価など、地球規模の環境問題を解き明かす基盤情報として活用されています。

日本の国土地理院は、地球地図プロジェクトの組織活動と地球地図の作成の技術支援に積極的にかかわっています。

これまで紹介してきた日本の地図づくりは、明治時代に西欧諸国の技術導入から始まって140年になろうとしています。そこで蓄積された日本の測量・地図技術はたいへん高く、それがいま、国際協力という形で世界に貢献しています。

最後になりますが、わが国は、高い技術のもとでつくられた過去・現在の日本の地図を、誰もが自由に、無償で利用できるすばらしい国です。その背景には、明治以降、延々と地図をつくり続けてきた技術者の努力があります。本書をきっかけとして、地図と地図測量技術への理解が、一層深まることを期待しています。

図 世界に広がる測量・地図の国際協力

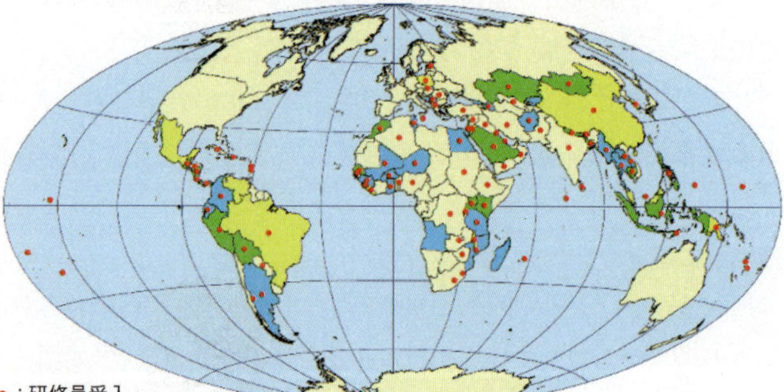

●：研修員受入
■：専門家派遣
■：開発調査(地図作成)
■：専門家派遣&開発調査(地図作成)

日本の地図測量技術は、発展途上国などへの専門家派遣、地図作成、研修員の受け入れなどのかたちで、世界各国の経済発展に貢献している

出典：国土地理院

図 地球地図（土地被覆データ）

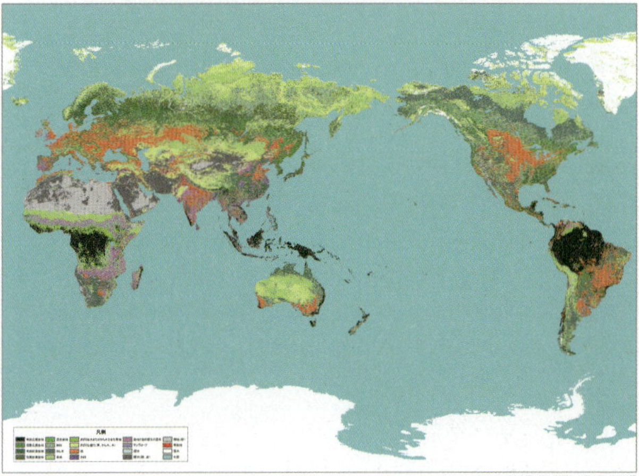

© 国土交通省国土地理院、千葉大学、協働機関

日本の提唱ではじまった「地球地図」の整備は、世界各国の協力を経て、全陸域をカバーする植生（樹木被覆率）および土地被覆データが完成し、Webで一般提供されている

出典：国土地理院

日本の測量技術と地図技術は、世界中で役立っているんですよ
なんだかちょっと誇らしい気持ちになりますね！

索　引

《参考文献》

『伊能忠敬の科学的業績』 保柳睦美/編(古今書院、1974年)
『江戸時代の測量術』 松崎利雄(総合科学出版、1979年)
『近世絵図と測量術』 川村博忠(古今書院、1992年)
『国絵図』 川村博忠(吉川弘文館、1990年)
『景観から歴史を読む』 足利健亮(NHK出版、1998年)
『国土地理院時報』第111号など (国土地理院)
『大地を測る』 檀原 毅(出光科学叢書、1976年)
『図翁　遠近道印』 深井甚三(桂書房、1990年)
『図譜　江戸時代の技術』 菊池俊彦/編(恒和出版、2006年)
『測量用語辞典』 国土地理院/監修(日本測量協会、1974年)
『地球が丸いってほんとうですか』 大久保修平/編著(朝日新聞社、2004年)
『地図の歴史』 織田武雄(講談社、1973年)
『地図の話』 武藤勝彦(築地書館、1983年)
『地図・測量百年史』 国土地理院/監修(日本測量協会、1970年)
『地図学用語辞典』 日本国際地図学会/編(技報堂出版、1985年)
『明治期作成の地籍図』 佐藤甚次郎(古今書院、1986年)
『やさしいGPS測量』 土屋淳ほか(日本測量協会、1991年)
『山の高さ』 鈴木弘道(古今書院、2002年)
『陸地測量部沿革誌』 (陸地測量部)

(順不同)

サイエンス・アイ新書 発刊のことば

science・i

「科学の世紀」の羅針盤

20世紀に生まれた広域ネットワークとコンピュータサイエンスによって、科学技術は目を見張るほど発展し、高度情報化社会が訪れました。いまや科学は私たちの暮らしに身近なものとなり、それなくしては成り立たないほど強い影響力を持っているといえるでしょう。

『サイエンス・アイ新書』は、この「科学の世紀」と呼ぶにふさわしい21世紀の羅針盤を目指して創刊しました。情報通信と科学分野における革新的な発明や発見を誰にでも理解できるように、基本の原理や仕組みのところから図解を交えてわかりやすく解説します。科学技術に関心のある高校生や大学生、社会人にとって、サイエンス・アイ新書は科学的な視点で物事をとらえる機会になるだけでなく、論理的な思考法を学ぶ機会にもなることでしょう。もちろん、宇宙の歴史から生物の遺伝子の働きまで、複雑な自然科学の謎も単純な法則で明快に理解できるようになります。

一般教養を高めることはもちろん、科学の世界へ飛び立つためのガイドとしてサイエンス・アイ新書シリーズを役立てていただければ、それに勝る喜びはありません。21世紀を賢く生きるための科学の力をサイエンス・アイ新書で培っていただけると信じています。

2006年10月

※サイエンス・アイ（Science i）は、21世紀の科学を支える情報（Information）、知識（Intelligence）、革新（Innovation）を表現する「i」からネーミングされています。

SoftBank Creative

science·i

サイエンス·アイ新書

SIS-184

http://sciencei.sbcr.jp/

地図《ちず》の科学《かがく》

なぜ昔《むかし》の人《ひと》は地球《ちきゅう》が楕円《だえん》だとわかった?
航空写真《こうくうしゃしん》だけで地図《ちず》をつくれないワケは!?

2010年10月25日　初版第1刷発行
2010年12月24日　初版第2刷発行

著　　者　山岡光治《やまおかみつはる》
発 行 者　新田光敏
発 行 所　ソフトバンク クリエイティブ株式会社
〒107-0052　東京都港区赤坂4-13-13
編集：科学書籍編集部
03(5549)1138
営業：03(5549)1201
装丁·組版　株式会社ビーワークス
印刷·製本　図書印刷株式会社

ISBN 978-4-7973-5873-5

SoftBank Creative